裂缝性气藏压裂基础理论

李勇明　等著

科学出版社

北　京

内容简介

本书针对裂缝性气藏水力压裂存在的主要问题,研究裂缝性储层起裂压力预测模型,探索水力裂缝延伸模式,表征砾石和天然裂缝综合影响的压裂液滤失,建立水平井分段压裂形成复杂形态裂缝的产量预测模型,并进行了大量实例计算分析。

本书可供从事油气田开发研究人员、压裂工程师及油气田开发管理人员参考,也可作为大专院校从事油气田开发相关专业师生的参考书。

图书在版编目(CIP)数据

裂缝性气藏压裂基础理论 / 李勇明等著. — 北京:科学出版社,
2016.3
　ISBN 978-7-03-047893-1

　Ⅰ.①裂…　Ⅱ.①李…　Ⅲ.①裂缝性油气藏-压裂　Ⅳ.①TE371

中国版本图书馆 CIP 数据核字(2016)第 058388 号

责任编辑:杨　岭　罗　莉 / 责任校对:邓丽娜　刘莉莉
责任印制:余少力 / 封面设计:墨创文化

科学出版社 出版
北京东黄城根北街16号
邮政编码:100717
http://www.sciencep.com

四川煤田地质制图印刷厂印刷
科学出版社发行　各地新华书店经销
*
2016年5月第　一　版　开本:B5(720×1000)
2016年5月第一次印刷　印张:9.5
字数:182千字
定价:69.00元

前　　言

　　水力压裂改造是气藏高效开发的关键技术之一。由于天然裂缝的存在，导致压裂裂缝的起裂、延伸和效果评价等与常规砂岩气藏有本质区别。本书针对目前裂缝性气藏水力压裂研究中面临的几个关键问题，展开理论探索，建立较为系统的裂缝性气藏压裂的基础理论模型，力图破解裂缝性气藏压裂模型模拟和评价基础理论中的某些难点问题，为解决裂缝性气藏压裂的工程问题提供理论依据。

　　根据弹性力学理论、几何变换方法、断裂力学理论，针对水力裂缝在裂缝性储层中的起裂和延伸模式进行研究，建立斜井井筒围岩和孔眼壁面的应力分布模型及不同起裂方式下的破裂压力计算模型，并计算分析破裂压力的影响因素、水力裂缝与天然裂缝相交的影响因素；建立同时考虑砾石和天然裂缝影响下的压裂液滤失解析模型，以数值方法研究砾石和天然裂缝对压裂液滤失的影响；建立天然裂缝和砾石影响下的水力裂缝延伸模型，实现水力裂缝延伸模拟；开展考虑天然裂缝影响的复杂人工裂缝形态的水平井分段压裂产量预测研究，并进行地层参数和裂缝参数的敏感性分析，旨在对裂缝性气藏的有效开发提供参考。在论述过程中，尽可能做到基础理论和实际应用相结合，以便加深在裂缝性气藏压裂基础理论方面的认识。

　　本书是作者长期教学、指导研究生过程中的对裂缝性气藏压裂领域基础理论的系统总结与概括。本书撰写分工如下：第1章由蒲璇撰写，第2、4章由李勇明、伍洲撰写，第3章由李勇明、罗攀撰写，第5、6章由李勇明、何弦桀、蒲璇撰写。限于作者水平，难免存在不足之处，恳请同行专家和读者批评指正。

作　者
2015 年 11 月 30 日

目　　录

第1章 绪 论

大多数油气田的开发已进入中后期，产量陆续进入全面递减阶段，增产改造的难度不断加大，各种问题逐渐突出。此时，人们把目光投入到致密储层、薄储层以及裂缝性储层等低渗和特低渗油气藏。天然气在裂缝性圈闭中聚集而形成的气藏称为裂缝性气藏，与其他类型的气藏相比，裂缝性气藏常具有以下特点：原始孔隙率高低不一、渗透率极低，但在裂缝发育带的渗透率很高，其储渗空间发育分布极不均匀，同一储集层的不同部位的储集性能相差悬殊。在实验室测定的气层岩心渗透率往往很低，但在地下由于裂缝发育，沟通了储集层中各种储集空间，形成了一个畅通的渗流系统，所以裂缝性气藏在开采中的实际渗透率很高。

当上覆岩层压力过大时，由于地层的可压缩性，天然裂缝便会闭合，因而若不实施压裂增产措施，该类气藏几乎不能获取经济效益。由于裂缝性储层具有特低孔、超致密、大量天然裂缝和微裂缝发育等特征，在压裂改造时需要采用体积压裂技术沟通天然裂缝，以形成裂缝网络使改造体积最大化，从而提高储量动用程度。与常规储层相比，裂缝性气藏在压裂评价、设计、优化等方面有如下几个重点、热点研究方向。

(1)破裂压力和裂缝扩展模型研究。支撑裂缝的形态和导流能力决定了压裂改造的效果。而由于天然裂缝的影响，压裂施工时裂缝性储层的裂缝破裂方式及裂缝扩展模式与常规砂岩气藏有本质区别，存在从岩石本体起裂、沿天然裂缝张开起裂、沿天然裂缝剪切起裂等情况。水力裂缝和天然裂缝相交时可能使天然裂缝张开、剪切滑移，也可能使水力裂缝直接穿过天然裂缝。裂缝的破裂方式直接影响破裂压力的大小，水力裂缝延伸过程中与天然裂缝的相交也会影响裂缝网络的形态和连通性。因此，在设计压裂方案时需要有针对性地研究上述内容。

(2)压裂液滤失数值模拟研究。从国内外报道来看，一方面，关于天然裂缝对滤失和裂缝延伸的影响的研究著作很多，其中有使用解析方法的，也有使用数值方法的。利用解析方法实现的模型一般简便易用，但该方法需使用一定的假设条件，数值方法虽然繁琐，但可以研究很复杂的问题，结合计算机可以较方便地得出准确结果。另一方面，关于砾石对滤失和裂缝延伸的影响研究很少，同时考虑天然裂缝和砾石影响下的滤失模型和裂缝延伸模型的研究更少，这一方面的空白亟待填补。

(3)压裂产量预测研究。水平井压裂技术被认为是增大改造体积、有效开发低渗透储层的良好途径,尤其是近年来水平井分段压裂技术的不断突破,极大地提高了低渗透储层地质储量的有效动用程度。裂缝性气藏中存在的大量天然裂缝会对压后产量产生巨大影响,这在以往的模型中未被重点考虑,致使压后产量预测的准确性大大降低。能否准确计算水平井分段压裂的产量不仅影响到压裂参数设计结果和压后经济评价结果,而且还会在很大程度上影响水平井分段压裂施工的成功率及有效率,所以提高水平井分段压裂后产量预测的准确程度非常重要。

由于裂缝发育带可垂直切穿多层岩层,把原来互相隔绝的储集空间沟通起来,形成一个统一的储集空间,因此,裂缝性油气藏常呈块状,其油气柱高度一般都较大。目前世界上产量最高的万吨井,绝大多数与碳酸盐岩中的裂缝性油气藏有关,这也进一步促进了裂缝性气藏压裂技术的创新和推广。最为显著的就是随着水平井压裂理论、裂缝扩展机理和压裂液滤失机理的研究以及产量预测模型的广泛应用,已形成了一套独有的、不同于常规砂岩和碳酸盐岩储层的评价、设计、优化的理论体系和技术模式。

本书针对目前裂缝性气藏水力压裂研究中面临的几个关键问题,展开理论探索,深入认识基本现象、原理,并对工程问题进行定量分析和解释。同时,对水力裂缝在裂缝性储层中的起裂和延伸模式进行研究,首次建立同时考虑砾石和天然裂缝影响的压裂液滤失解析模型,用数值方法研究砾石和天然裂缝对压裂液滤失的影响,建立受天然裂缝和砾石影响下的水力裂缝延伸模型,并开展考虑天然裂缝影响的复杂人工裂缝形态的水平井分段压裂产量预测研究,旨在对裂缝性气藏的有效开发提供参考。

1.1　裂缝性储层破裂压力和裂缝扩展模型研究进展

1.1.1　裂缝破裂理论研究

自 1947 年美国堪萨斯州的水力压裂试验成功以来,水力压裂技术已经发展为油气田增产增注的重要技术措施。最早的破裂压力计算公式由 Hubbert 和 Willis[1]于 1957 年提出,模型以 Terzaghi 有效应力为基础,忽略了地层的渗透性。之后,Haimson 和 Fairhurst[2]将岩石的渗透性问题加以考虑,建立了新的破裂压力计算公式,并对 Hubbert-Willis 公式进行了改进。

1984 年,黄荣樽[3]针对各种破裂压力计算模型考虑影响因素不够全面的问题,提出了新的计算模型,并分析讨论了此模型中包含的各项参数的确定方法。

1987 年,Yew 等[4]利用前人的应力场分析成果,忽略孔隙和岩石抗张强度对起裂的影响，建立了简化的斜井破裂压力计算模型。该模型可以计算裂缝的起裂角和起裂方位。

2000 年，Hossain 等[5]通过直接替换裸眼斜井的切向应力，分析了套管射孔斜井的切向应力的表达形式，建立了射孔斜井破裂压力的计算模型，成为今天广泛引用的破裂压力计算模型。

2003 年，胡永全等[6]将射孔井中套管和岩石视为两种不同性质的材料，采用线性有限元软件计算了近井应力场，并结合强度理论迭代求解了射孔井破裂压力。

2008 年，李勇明等[7]针对储层污染对破裂压力的影响，引入表皮压降修正了常规破裂压力计算方法，建立了考虑储层污染的破裂压力计算新模型。

2013 年，任岚等[8]基于弹性力学和岩石力学理论，考虑裂缝性储层中射孔孔眼与天然裂缝相交的情况，根据张性破坏准则，建立了水力裂缝沿天然裂缝张性起裂的破裂压力计算模型。

2014 年，尹建[9]以均质、各向同性的二维平面人工裂缝模型为基础，利用位移不连续理论推导建立了非等裂缝半长、非等间距和任意裂缝倾角的水力裂缝诱导应力数学模型。在此基础上，通过分析裂缝干扰下井壁处应力场的变化规律，结合岩石破裂强度准则可预测破裂压力的变化规律。

在开展破裂压力计算模型研究的同时，很多学者对裂缝的破裂模式和判定方法展开了分析。

1995 年，陈勉等[10]综合考虑孔隙压力、压裂液渗流效应及作业条件对破裂压力的影响，利用多孔弹性理论，采用叠加原理推导了斜井井筒周围应力分布的表达式，提出了新的起裂判据，并分析了垂直裂缝和水平裂缝产生的机理。

2005~2006 年，金衍等[11,12]运用井壁稳定性原理，分别对天然裂缝地层中垂井和斜井的破裂压力进行了研究，认为水力裂缝在井壁处可能存在三种起裂方式，即从岩石本体起裂、沿天然裂缝面剪切起裂和沿天然裂缝面张性起裂。

2015 年，尹建等[13]对裂缝干扰下水平井破裂点的影响因素进行了分析，结果表明，包括裂缝条数、长度和净压力在内的裂缝参数以及原始主应力状态、水平井方位角和完井方式等都会影响后续裂缝破裂压力的大小，从而影响破裂点的位置。

1.1.2　水力裂缝和天然裂缝相交机理研究

Lamont 和 Jessen[14]早在 1963 年就针对岩石中的天然裂缝对水力裂缝延伸的影响进行了室内实验研究。实验结果表明：水力裂缝在逼近和离开天然裂缝的时候，它的延伸方向会发生改变，并且水力裂缝离开天然裂缝的位置点是随机的。

1974 年，Daneshy[15]针对花岗岩中基质界面、小尺度裂缝和大尺度天然裂缝三种类型岩石缺陷对水力裂缝延伸的影响进行了室内实验，发现只有大尺度天然裂缝岩石缺陷会对水力裂缝的延伸产生一定的影响，会在一定情况下阻止其穿过天然裂缝。

1982～1986 年，Blanton[16,17]考虑了逼近角和水平应力差对天然裂缝与水力裂缝相互作用的影响，以水力裂缝与天然裂缝作用区域的应力分布为基础，建立了水力裂缝与天然裂缝相互作用的判断准则。

水力裂缝和天然裂缝之间的相互作用也是研究重点之一。1987 年，Jeffrey等[18]使用二维不连续位移方法模拟计算了天然裂缝和水力裂缝之间的相互作用。

1995 年，Renshaw 等[19]考虑水力裂缝为张开型裂缝，以水力裂缝周围的应力分布为基础，建立了水力裂缝穿过天然裂缝的判断准则。

2003 年，杨丽娜和陈勉[20]结合复变函数理论和位错理论，考虑裂缝相互干扰的情况，建立了无限大介质中缝尖应力强度因子的数学模型，利用模型计算了缝尖的应力强度因子和转角。

与此同时，研究人员对影响水力裂缝延伸的主要因素也进行了分析。2005 年，Potluri 等[21]以裂缝相互作用的数个准则为基础，针对水力裂缝与天然裂缝的相交行为进行了系统研究，分析了水平应力差、逼近角、裂缝强度条件和天然裂缝中的流体压力分布等因素对水力裂缝不同的延伸模式的影响。

2008 年，Akulich 和 Zvyaginp[22]假设地层为无限大非渗透弹性介质，对水力裂缝与天然裂缝间的相互作用进行了研究。计算中考虑压裂液为不可压缩牛顿流体，天然裂缝满足摩尔-库伦破裂准则。研究结果表明：水力裂缝在逼近天然裂缝的过程中，天然裂缝将延缓水力裂缝的延伸。

近年来，国内外专家学者对水力裂缝穿过天然裂缝的理论研究进行了进一步的完善。2008 年，陈勉等[23]通过实验研究了天然裂缝影响下的水力裂缝形态、压力响应曲线和压裂液滤失机理。研究表明：天然裂缝性储层中的裂缝扩展分为主缝加分支缝和径向网状两种形态。

2009 年，Olson 和 Taleghani[24]考虑了裂缝相互之间的应力影响，建立了一种简化的数值模型，可解释压裂裂缝之间的力学作用，并模拟计算多裂缝的同时延伸的情况。

2010 年，Gu 和 Weng[25]基于裂缝尖端应力的线弹性断裂力学解对 Renshaw-Pollar 判定准则进行了改进，改进后的准则可以计算任意逼近角情况下天然裂缝张开而不发生滑移的应力大小。

1.2 裂缝性砂砾岩储层压裂液滤失数值模拟研究进展

现阶段，压裂液滤失理论多未考虑砾石存在等复杂条件，一般情况下多考虑滤失三区的经典理论，将储层考虑为均匀介质（包含基质模型和裂缝模型），也有考虑了裂缝系统的双重介质滤失模型的研究。水力裂缝扩展多被认为呈对称的两条直线状，这在常规的均质油气藏中是正确的，而裂缝性油气藏中的裂缝延伸情况非常复杂，解析方法难以精确描述。存在砾石的砂砾岩油气藏的裂缝延伸则更为复杂，国内外鲜有此类报道。

有学者使用扩展有限元法等数值方法研究天然裂缝与水力裂缝之间的作用关系，如 Blanton、Warpinski 等。该方法可以精确地描述水力裂缝与天然裂缝之间的作用，甚至可以描述天然裂缝对水力裂缝的诱导作用。但砾石对水力裂缝扩展的影响研究少有报道。砾石对砂砾岩的渗透性存在影响，需要建立模型来定量评价砾石与渗透率之间的关系。

2007 年，胡昱等[26]研究了多轴应力作用下的砂砾岩岩芯渗流规律。研究表明：在压应力的作用下，砂砾岩岩芯的渗透性有明显降低，且法向应力对其影响最为显著，说明砂砾岩裂缝的渗流能力是压力的函数。计算时考虑压力的影响可使结果更接近实际情况。

2010 年，王益维等[27]分析了裂缝性储层压裂液滤失机理，得到了依赖于压力的裂缝性地层滤失系数，该方法考虑了压力和天然裂缝的影响，对裂缝性储层的滤失计算具有一定意义。

2011 年，冯阵东等[28]认识到裂缝方向对裂缝渗透性有很大的影响，在多种坐标系中研究了裂缝的渗透率，并得到笛卡儿坐标系下的整体坐标系中的渗透率的计算方法，对裂缝渗透性的研究具有一定意义。

2012 年，闫建平等[29]对岩芯进行剖切处理后，使用岩芯图像扫描和计算机图形方法，精确描述了砂砾岩岩芯结构并计算砾石粒径、面积、磨圆度等参数，为获取砂砾岩砾石物性参数提供了一种有效而新颖的方法。

1991 年，古发刚等[30]在前人研究滤饼实验的基础上，提出了考虑多种因素的滤失计算模型。相对于经典模型，该模型考虑了压降、剪切速度等多种因素，更加接近于真实情况，也更为精确有效。但该模型仍然只考虑了均质储层中的情况，并不适用于裂缝性储层。

2000 年，Yew 等[31]研究了裂缝动态扩展情况下的压裂液滤失程度。这是一个非常复杂的问题，他们使用了数值方法和计算机编程求解，再次证实了数值方法在复杂情况下解决问题的能力。

2003 年，付永强等[32]将多参数的压裂液滤失模型推广到双重介质中，使双重介质的滤失计算也可以考虑滤饼等多种因素。该模型考虑了比以往双重介质更为实际的情况，因此更准确有效。

2005 年，李勇明等[33]考虑到裂缝性油气藏中的天然裂缝会使滤失量成倍增加，由此建立了双重介质滤失模型，并使用正交变换求得精确解。该模型将天然裂缝作为滤失控制方程的一部分而加以考虑，因而更适用于裂缝性储层，这对该类储层的滤失计算具有进步意义。

2006 年，任岚等[34]考虑滤失的二维特征，建立了压裂液滤失的二维模型，并用差分法求解。该模型没有考虑储层的非均质情况，但考虑了压裂液黏度的变化和压裂液的二维流动，所以对均质储层滤失的描述更为精确，同时证实了数值方法对压裂液的滤失具有较好的实用性。

20 世纪 60 年代～20 世纪 80 年代末，压裂工程师们经过多年的实践，开始认识到天然裂缝的存在对正确预测裂缝的起裂、延伸和闭合等动态行为的影响。经典的压裂理论认为：由于受地应力场的影响和控制，在压裂改造储层中将形成两条以井筒为中心的对称水力裂缝，裂缝沿垂直最小主应力方向延伸，因此，压裂后生产时水力裂缝的实际控制区域较为有限，仅仅在两条水力裂缝周围的区域。事实上，储层结构弱面-天然裂缝对裂缝延伸的控制作用必然存在，但目前鲜有认识。

2011 年，Dahi-Taleghani 和 Olson[35]认为水力裂缝遇到天然裂缝后是穿越天然裂缝，还是沿天然裂缝延伸，取决于天然裂缝的剪切强度和水力裂缝扩展前沿区域的强度。他们推导出了一个基于扩展有限元方法的水力裂缝扩展的新模型，并认为裂缝网络的复杂程度极大地受到原地应力差、岩石韧性、天然裂缝胶结强度、天然裂缝的方向等因素的影响。

2012 年，Keshavarzi 和 Mohammadi[36]使用扩展有限元方法研究了水力裂缝在裂缝性储层中的延伸。结果表明：水力裂缝的延伸极大地受到了由天然裂缝产生的原地应力场的干扰，天然裂缝网络内压力的增加以及远场地应力差的减小会导致交叉裂缝的增加。在与水力裂缝交叉之前，天然裂缝端部的破裂是常常被忽略而又非常重要的一种现象，它可以解释许多水力裂缝的复杂行为。当逼近角较小时，二者交叉后水力裂缝常常会使天然裂缝张开，而逼近角较大时则可以观察到水力裂缝穿越天然裂缝的现象。

天然裂缝与水力裂缝之间的作用方式不乏较为简便的判断标准。例如，Blanton 给出了水力裂缝能否穿越天然裂缝的判据，Warpinski 和 Teufel 则给出了水力裂缝能否诱发天然裂缝剪切滑移的判据，Renshaw 也给出了交叉的水力裂缝和天然裂缝是否能形成复杂网络的判定标准。

在研究砾石对裂缝延伸的影响方面，2010 年，孟庆民等[1]对人造岩样进行了水力压裂裂缝扩展机理模拟实验，模拟了无砾石、有砾石在不同压差、不同砾石粒径条件下的裂缝扩展规律，通过对施工曲线的分析，定性地分析了砾石对裂缝扩展的影响。证明了在砾石存在的情况下，主裂缝还是沿着最大主应力方向扩展，液体沿着砾石发生绕流现象。砾石对施工压力影响较大，粒径越大，流体流动阻力越大，施工压力波动越明显。

2007 年，赵益忠等[37]使用巨砾岩心进行裂缝扩展实验，其结果显示裂缝延伸方向基本沿最大主应力方向，易形成不规则裂缝或多裂缝，破裂压力较高。但该研究没有进一步深入思考其机理。

2011 年，王昊[38]通过人工岩样和数值模拟软件 RFPA 模拟了在不同粒径、含量的砾石影响下的裂缝扩展情况，总结出砾石对水力裂缝延伸的影响规律，并据此成功指导了某井的压裂。

1.3　裂缝性储层水平井分段压裂产量预测研究进展

1. 国外研究现状

1990 年，Conlin 等[39]首次建立了四分之一人工裂缝模型来计算分段压裂水平井的产量，模型计算结果与生产数据拟合较好。

1991 年，Roberts 等[40]推导了考虑非达西渗流效应的致密气藏分段压裂水平井产量预测半解析模型，分析了储层渗透率、人工裂缝条数对压后产气量的影响。

2010 年，Clarkson 等[41]应用非稳态导数分析法建立了单一孔隙介质下的水平井分段压裂产量计算公式。该公式充分考虑了储层的特性和压后人工裂缝的几何形态，并且从早期线性流、早期径向流、晚期线性流和晚期径向流四种流态研究压裂水平井的生产动态。

2011 年，Sennhauser 等[42]在 Conlin 模型的基础上，考虑了储层特征和流体在压裂裂缝中的渗流特征，建立了一个四分之一人工裂缝模型来预测水平井分段压裂的产量，分析了裂缝几何尺寸和裂缝间距对压后产量的影响，同时通过计算得出中部裂缝产量低于端部裂缝的结论。

2012 年，Larch 等[43]建立了一个考虑吸附特性的双孔隙度模型来预测气藏水平井分段压裂的压后生产动态，并分析了人工裂缝条数、人工裂缝间距和加砂量对压后产气量的影响。

① 孟庆民，张士诚，郭先敏，等. 砂砾岩水力裂缝扩展规律初探[J]. 石油天然气学报，2010，32（4）：119-123.

2014 年，Lin 和 Zhu[44]采用"板源"法建立了水平气井产量预测模型，该方法可以计算不压裂水平井产量，也可计算水平井压后产量。

国外学者所建立的水平井分段压裂产量预测模型均是在人工裂缝垂直于水平井筒、裂缝均匀对称分布、多条裂缝之间没有相互干扰的假设条件下进行的，而且往往是在不考虑天然裂缝的影响下仅针对稳态渗流过程的产能计算。

2. 国内研究现状

2010 年，唐汝众等[45]在水平井分段压裂后出现不同人工裂缝形态的基础上，建立了油气藏和裂缝的产量预测模型，并研究了压裂裂缝条数、长度和非对称分布对压后产量的影响规律。

2012 年，陈汾君等[46]应用 PEBI 网格加密法开展了分段压裂水平井参数优化设计，并研究了水平井段长度、裂缝长度、裂缝间距、裂缝条数和裂缝导流能力对压后产量的影响规律。

2012 年，张燕明等[47]应用复位势理论和势叠加原理，建立了考虑水平井筒压降损失影响下的分段压裂水平气井产能预测数学模型，并进行了裂缝参数的优化设计。

2013 年，钟森[48]在势叠加原理与复位势原理的基础上，应用气体状态方程和拟压力函数，推导出考虑人工裂缝之间相互干扰情况下的致密气藏分段压裂水平井产能计算数学模型。

2015 年，李海涛等[49]针对裂缝性低渗透气藏，采用体积源的思想建立了相应的基础渗流模型，结合人工裂缝内流动压降并根据叠加原理，分别推导出裸眼、固井分段压裂水平井的产能评价方法。

国内对于水平井分段压裂产量预测的相关研究起步比较晚，且绝大多数气藏压裂水平井的产能计算公式都是由油气藏压裂水平井的产能计算公式发展而来的。虽然国内许多学者已经开始研究非均匀对称分布、几何形态不规则的压裂裂缝对压后产量的影响，但考虑的渗流过程单一且大多忽略天然裂缝对渗流的影响，导致模型的适应性较差。

1.4 章节内容安排

本书主要内容包括如下五部分。

第 2 章分析射孔孔眼与天然裂缝相交的情况下水力裂缝的起裂方式，根据建立的射孔壁面应力分布模型及张性破裂准则，建立不同起裂方式下的射孔斜井破裂压力计算模型，并应用裂缝性气藏地质参数进行计算分析。

第 3 章为裂缝性砂砾岩储层压裂液滤失机理研究，分别使用解析方法和数值方法建立砂砾岩储层滤失模型，分析宏观因素和微观因素对压裂液滤失的影响程度。

第 4 章运用经典水力裂缝与天然裂缝相交准则分析计算天然裂缝张开、剪切滑移、被水力裂缝穿过等行为的影响因素，针对性分析裂缝性储层压裂改造中可能产生的相交行为。

第 5 章为推导考虑天然裂缝影响下的分段压裂水平气井在不稳定渗流早期、不稳定渗流晚期、拟稳定渗流时期的产量预测模型，并研究模型的解法。

第 6 章利用控制变量法研究地层参数以及人工裂缝参数对裂缝性气藏水平井分段压裂产量的影响。通过正交试验分析得出影响压后产量的人工裂缝参数的主次顺序，并开展人工裂缝布缝方案优化研究。

第2章　裂缝性储层破裂压力模型研究

2.1　裂缝性储层斜井井筒及射孔孔眼应力分布

实际工况下，井筒和射孔受力状态较为复杂，受到地应力、孔隙压力、井筒内流体应力、压裂液滤失引起的附加应力、封隔器引起的应力集中等因素的影响，井壁岩石受井筒影响还可能发生塑性形变，再加上岩石的不均质性和各向异性，因此进行数学分析十分复杂。为方便分析井筒和射孔的应力分布，假设岩石为均匀且各向同性的线弹性多孔介质，井筒和射孔内都受到相等的均匀液体内压，水泥环胶结良好，不考虑压裂液与岩石的物理化学作用。

2.1.1　原地应力的坐标变换

地层应力状态包含三个相互作用的正交主应力，即垂向上的上覆岩层应力 σ_v、最大水平主应力 σ_H 和最小水平主应力 σ_h，除此之外还包括孔隙流体的压力 P_p。斜井的井轴方向与垂向不一致，存在一个夹角，即井斜角 Ψ，且井轴在水平面上的投影也与最大水平主应力存在一个夹角，即方位角 β。

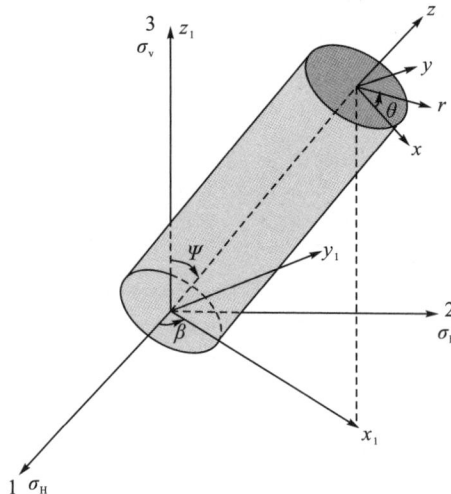

图 2-1　地应力坐标系及井筒坐标系示意图

为了方便分析斜井的应力分布，需要将原地应力从地应力坐标系 $(1, 2, 3)$ 转换

到井筒坐标系 (x, y, z) 上，再转换到柱坐标系 (r, θ, z) 上，如图 2-1 所示。其中，坐标系 $(1, 2, 3)$ 与 σ_H、σ_h、σ_v 一致；坐标系 (x, y, z) 的 z 轴与井轴方向一致，x 轴与井轴在水平面上的投影在同一平面内且与井轴正交；柱坐标系 (r, θ, z) 与坐标系 (x, y, z) 有相同的原点和 z 轴。

坐标变换过程的步骤如下。

(1) 首先将坐标系 $(1, 2, 3)$ 以 3 轴为轴，按右手定则正向旋转 β 度，转换到坐标系 (x_1, y_1, z_1)，其转换关系可以用矩阵表示为[50]

$$\begin{bmatrix} x_1 \\ y_1 \\ z_1 \end{bmatrix} = \begin{bmatrix} \cos\beta & \sin\beta & 0 \\ -\sin\beta & \cos\beta & 0 \\ 0 & 0 & 1 \end{bmatrix} \begin{bmatrix} 1 \\ 2 \\ 3 \end{bmatrix} \tag{2-1}$$

(2) 将坐标系 (x_1, y_1, z_1) 以 y_1 轴为轴，按右手定则正向旋转 $\varPsi$ 度，转换到坐标系 (x, y, z)，其转换关系可以用矩阵表示为

$$\begin{bmatrix} x \\ y \\ z \end{bmatrix} = \begin{bmatrix} \cos\psi & 0 & -\sin\psi \\ 0 & 1 & 0 \\ \sin\psi & 0 & \cos\psi \end{bmatrix} \begin{bmatrix} x_1 \\ y_1 \\ z_1 \end{bmatrix} \tag{2-2}$$

根据式 (2-1)、式 (2-2)，从地应力坐标系 $(1, 2, 3)$ 转换到井筒坐标系 (x, y, z) 的过程可以用矩阵表示为

$$\begin{bmatrix} x \\ y \\ z \end{bmatrix} = \begin{bmatrix} \cos\beta\cos\psi & \sin\beta\cos\psi & -\sin\psi \\ -\sin\beta & \cos\beta & 0 \\ \cos\beta\sin\psi & \sin\beta\sin\psi & \cos\psi \end{bmatrix} \begin{bmatrix} 1 \\ 2 \\ 3 \end{bmatrix} \tag{2-3}$$

因此，转换后的应力分量与原地应力的转换关系为

$$\begin{bmatrix} \sigma_{xx} & \tau_{xy} & \tau_{xz} \\ \tau_{yx} & \sigma_{yy} & \tau_{yz} \\ \tau_{zx} & \tau_{zy} & \sigma_{zz} \end{bmatrix} = [T] \begin{bmatrix} \sigma_H & & \\ & \sigma_h & \\ & & \sigma_v \end{bmatrix} [T]^T \tag{2-4}$$

式中，

$$[T] = \begin{bmatrix} \cos\beta\cos\psi & \sin\beta\cos\psi & -\sin\psi \\ -\sin\beta & \cos\beta & 0 \\ \cos\beta\sin\psi & \sin\beta\sin\psi & \cos\psi \end{bmatrix};$$

σ_{xx}、σ_{yy}、σ_{zz}——坐标系 (x, y, z) 下各面的法向主应力分量，MPa；

τ_{xy}、τ_{xz}、τ_{yz}、τ_{yx}、τ_{zy}、τ_{zx}——坐标系 (x, y, z) 下各面的切应力分量，MPa。

由式 (2-4) 得

$$\begin{cases} \sigma_{xx} = (\sigma_H \cos^2 \beta + \sigma_h \sin^2 \beta)\cos^2 \psi + \sigma_v \sin^2 \psi \\ \sigma_{yy} = \sigma_H \sin^2 \beta + \sigma_h \cos^2 \beta \\ \sigma_{zz} = (\sigma_H \cos^2 \beta + \sigma_h \sin^2 \beta)\sin^2 \psi + \sigma_v \cos^2 \psi \\ \tau_{xy} = (\sigma_h - \sigma_H)\sin \beta \cos \beta \cos \psi \\ \tau_{yz} = (\sigma_h - \sigma_H)\sin \beta \cos \beta \sin \psi \\ \tau_{zx} = (\sigma_H \cos^2 \beta + \sigma_h \sin^2 \beta - \sigma_v)\sin \psi \cos \psi \end{cases} \quad (2-5)$$

式(2-5)就是原地主应力在井筒坐标系的应力分量,即井眼的远场应力分量,也就是在无穷远处的应力边界条件。原地应力转换到直角坐标系(x, y, z)后的应力分量如图 2-2 所示。

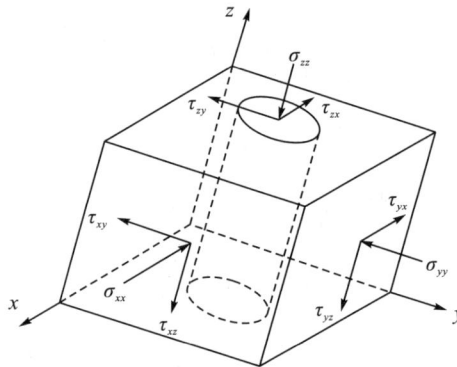

图 2-2　原地应力转换后的应力分量

(3)最后再将直角坐标系(x, y, z)转换成对应的井筒柱坐标系(r, θ, z),在柱坐标系下井筒微元的受力分量如图 2-3 所示。

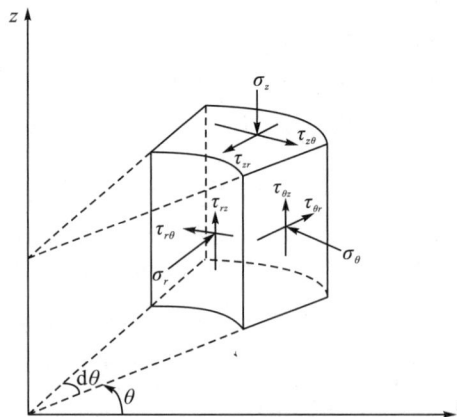

图 2-3　柱坐标系下井筒微元受力分量

2.1.2　井筒围岩受力分析

地层中的井筒破坏了原有的地层应力平衡，引起了井筒附近的应力集中，井筒围岩同时受到地应力和井筒流体内压的作用。由于套管的作用可忽略压裂液的滤失影响，同时忽略水泥环的影响。因为井筒的轴向尺寸远远大于其径向尺寸，井筒任意截面上的应变与轴向无关，考虑到地层岩石也是小变形弹性体，可以将井筒围岩的受力分析简化为弹性力学的平面应变问题[51]。井筒围岩的受力可以分解为：井筒内流体压力 p_w、原地应力分量(图 2-4)。其中原地应力分量包括：井筒截面内的应力 σ_{xx}、σ_{yy}、τ_{xy} 及截面外的切应力 τ_{xz}、τ_{yz} 和轴向应力 σ_{zz}。

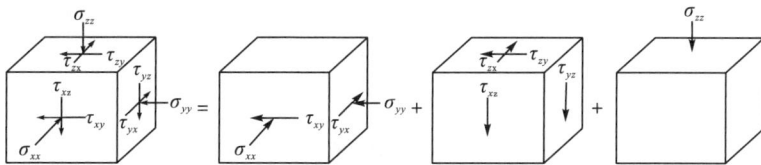

图 2-4　井壁围岩微元受力分解

1. 井筒内压引起的应力

通常在分析井筒内流体压力对围岩产生应力的时候，假设物理模型为无限大平板上的一个受均匀内压的圆孔，这种假设忽略了套管的影响。因为套管存在一定厚度，而且其弹性模量、泊松比和地层岩石与水泥环有较大差异，所以在分析井筒内压的时候，有必要将套管的影响考虑进去，使得分析结果更接近真实值。

假设井筒为无限大弹性体中的一个圆筒，圆筒内受到均匀的内压，并将此情况看做平面应变问题，如图 2-5 所示。

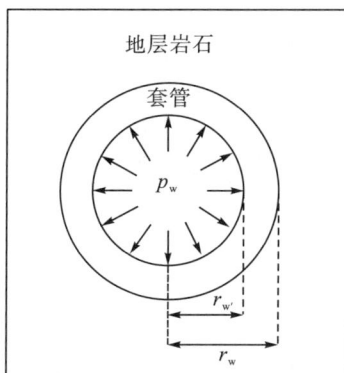

图 2-5　井筒内压引起应力的物理模型

本书定义压应力为正，拉应力为负。设套管内径为 r_w'，外径为 r_w，井筒内流体压力为 p_w。因为应力分布呈轴对称，应力函数只是径向坐标 r 的函数，其极坐

标下的应力方程为

$$
\begin{cases}
\sigma_r = \dfrac{A}{r^2} + B(1 + 2\ln r) + 2C \\[2mm]
\sigma_\theta = -\dfrac{A}{r^2} + B(3 + 2\ln r) + 2C \\[2mm]
\tau_{r\theta} = 0
\end{cases}
\tag{2-6}
$$

其位移分量为

$$
\begin{cases}
u_r = \dfrac{1-\upsilon^2}{E} + \left[-\left(1 + \dfrac{\upsilon}{1-\upsilon}\right)\dfrac{A}{r} + 2\left(1 - \dfrac{\upsilon}{1-\upsilon}\right)Br(\ln r - 1) + \left(1 - 3\dfrac{\upsilon}{1-\upsilon}\right)Br \right. \\[3mm]
\qquad \left. + 2\left(1 - \dfrac{\upsilon}{1-\upsilon}\right)Cr \right] + I\cos\theta + J\sin\theta \\[3mm]
u_\theta = \dfrac{4Br\theta(1-\upsilon^2)}{E} + Hr - I\sin\theta + J\cos\theta
\end{cases}
\tag{2-7}
$$

式中，A、B、C、H、I、J——任意常数；

$\qquad$ E——弹性模量，MPa；

$\qquad$ υ——泊松比，无因次。

由式(2-7)中的第二式可见，在环向位移 u_θ 的表达式中，$\dfrac{4Br\theta}{E}$ 一项是多值的。

例如，对于 $\theta = \theta_1$ 和 $\theta = \theta_1 + 2\pi$ 时，环向位移相差 $\dfrac{8\pi Br}{E}$。但是由于 (r,θ_1) 和 $(r,\theta_1 + 2\pi)$

在圆环上是同一个点，所以 $\dfrac{8\pi Br}{E} = 0$，从而 $B = 0$。所以由式(2-6)得到圆环的应力

表达式为

$$
\begin{cases}
\sigma_r{}' = \dfrac{A'}{r^2} + 2C' \\[2mm]
\sigma_\theta{}' = -\dfrac{A'}{r^2} + 2C'
\end{cases}
\tag{2-8}
$$

取无限大平板的应力表达式为

$$
\begin{cases}
\sigma_r = \dfrac{A}{r^2} + 2C \\[2mm]
\sigma_\theta = -\dfrac{A}{r^2} + 2C
\end{cases}
\tag{2-9}
$$

因为圆筒内面受到均布压力 p_w，距离圆筒无限远处应力为 0，在接触面上两个弹性体受到的应力和位移都相等，所以其边界条件为

$$
\begin{cases}
\left(\sigma_r{}'\right)_{r=r_{\mathrm{w}}{}'} = p_{\mathrm{w}} \\
\left(\sigma_r\right)_{r\to\infty} = \left(\sigma_\theta\right)_{r\to\infty} = 0 \\
\left(\sigma_r\right)_{r=r_{\mathrm{w}}} = \left(\sigma_r{}'\right)_{r=r_{\mathrm{w}}} \\
\left(u_r\right)_{r=r_{\mathrm{w}}} = \left(u_r{}'\right)_{r=r_{\mathrm{w}}}
\end{cases}
\tag{2-10}
$$

结合式(2-8)～式(2-10)得到由井筒内流体压力引起的井筒和井筒围岩的应力分量表达式为

$$
\begin{cases}
\sigma_r = -\sigma_\theta = p_{\mathrm{w}} \dfrac{2\left(1-\upsilon'\right)n\dfrac{r_{\mathrm{w}}^2}{r^2}}{\left[1+\left(1-2\upsilon'\right)n\right]\dfrac{r_{\mathrm{w}}^2}{r_{\mathrm{w}}{}'^2}-\left(1-n\right)} \\[4mm]
\sigma_r{}' = p_{\mathrm{w}} \dfrac{\left[1+\left(1-2\upsilon'\right)n\right]\dfrac{r_{\mathrm{w}}^2}{r^2}-\left(1-n\right)}{\left[1+\left(1-2\upsilon'\right)n\right]\dfrac{r_{\mathrm{w}}^2}{r_{\mathrm{w}}{}'^2}-\left(1-n\right)} \\[4mm]
\sigma_\theta{}' = -p_{\mathrm{w}} \dfrac{\left[1+\left(1-2\upsilon'\right)n\right]\dfrac{r_{\mathrm{w}}^2}{r^2}+\left(1-n\right)}{\left[1+\left(1-2\upsilon'\right)n\right]\dfrac{r_{\mathrm{w}}^2}{r_{\mathrm{w}}{}'^2}-\left(1-n\right)}
\end{cases}
\tag{2-11}
$$

式中，$n=\dfrac{E\left(1+\upsilon'\right)}{E'\left(1+\upsilon\right)}$；

E、υ——围岩的弹性常数；

E'、υ'——井筒的弹性常数；

σ_θ、σ_r——围岩的应力分量，MPa；

$\sigma_\theta{}'$、$\sigma_r{}'$——井筒的应力分量，MPa；

r——距离井眼轴线的距离，m。

此外，对于射孔井，井壁并非理想光滑，压裂液进入射孔孔眼后会改变井壁的应力，井轴方向的井壁围岩会受到拉应力的作用。对于裸眼井，压裂液作用在封隔器上，也会对井轴方向的井壁围岩产生拉应力。考虑到实际施工中由封隔器间距引起的轴向拉应力可能减弱，Haimson 等[52]在研究中引入了井轴方向拉应力的修正系数 c（0.9<c<1）。根据弹性力学理论，在柱坐标系(r, θ, z)下，井筒内压引起的轴向应力为

$$
\sigma_z = c\frac{r_{\mathrm{w}}^2}{r^2}p_{\mathrm{w}}
\tag{2-12}
$$

2.原地应力引起的应力

如上述分析，由原地应力引起的井壁围岩受力可以分解为井筒截面内的应力 σ_{xx}、σ_{yy}、τ_{xy}，截面外的切应力 τ_{xz}、τ_{yz}，以及轴向上的应力 σ_{zz}。

（1）井筒截面内受力 σ_{xx}、σ_{yy}、τ_{xy}。井筒截面内受力的力学模型可以假设为：井眼为无限大平板中的一个小孔，平板的边界上受均布正应力和切应力，如图 2-6 所示。

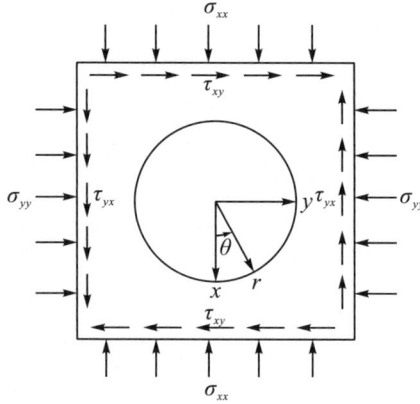

图 2-6 井筒截面内受力

根据弹性力学理论，由正应力 σ_{xx}、σ_{yy} 引起的井筒围岩应力为

$$
\begin{cases}
\sigma_r = \dfrac{\sigma_{xx}+\sigma_{yy}}{2}\left(1-\dfrac{r_w^2}{r^2}\right)+\dfrac{\sigma_{xx}-\sigma_{yy}}{2}\left(1+3\dfrac{r_w^4}{r^4}-4\dfrac{r_w^2}{r^2}\right)\cos 2\theta \\[3mm]
\sigma_\theta = \dfrac{\sigma_{xx}+\sigma_{yy}}{2}\left(1+\dfrac{r_w^2}{r^2}\right)-\dfrac{\sigma_{xx}-\sigma_{yy}}{2}\left(1+3\dfrac{r_w^4}{r^4}\right)\cos 2\theta \\[3mm]
\tau_{r\theta} = \dfrac{\sigma_{yy}-\sigma_{xx}}{2}\left(1-3\dfrac{r_w^4}{r^4}+2\dfrac{r_w^2}{r^2}\right)\sin 2\theta
\end{cases}
\tag{2-13}
$$

式中，θ——井筒柱坐标下的极角，°。

由切应力 τ_{xy} 引起的井筒围岩应力为

$$
\begin{cases}
\sigma_r = \tau_{xy}\left(1+3\dfrac{r_w^4}{r^4}-4\dfrac{r_w^2}{r^2}\right)\sin 2\theta \\[3mm]
\sigma_\theta = -\tau_{xy}\left(1+3\dfrac{r_w^4}{r^4}\right)\sin 2\theta \\[3mm]
\tau_{r\theta} = \tau_{xy}\left(1-3\dfrac{r_w^4}{r^4}+2\dfrac{r_w^2}{r^2}\right)\cos 2\theta
\end{cases}
\tag{2-14}
$$

（2）截面外的切应力 τ_{xz}、τ_{yz}。忽略体力的影响，在柱坐标系中，根据其边界条件和应力函数及其相容方程，计算得到由切应力 τ_{xz}、τ_{yz} 引起的应力为

$$\begin{cases} \tau_{\theta z} = \left(-\sigma_{xz}\sin\theta + \sigma_{yz}\cos\theta\right)\left(1+\dfrac{r_{\mathrm{w}}^2}{r^2}\right) \\[3mm] \tau_{rz} = \left(\sigma_{xz}\sin\theta + \sigma_{yz}\cos\theta\right)\left(1-\dfrac{r_{\mathrm{w}}^2}{r^2}\right) \end{cases} \tag{2-15}$$

（3）轴向应力 σ_{zz}。由胡克定律及边界条件计算得到由 σ_{zz} 引起的应力为

$$\sigma_z = \sigma_{zz} - \upsilon\left[2\left(\sigma_{xx}-\sigma_{yy}\right)\dfrac{r_{\mathrm{w}}^2}{r^2}\cos 2\theta + 4\sigma_{xy}\dfrac{r_{\mathrm{w}}^2}{r^2}\sin 2\theta\right] \tag{2-16}$$

式中，υ——地层岩石的泊松比，无因次。

应用线性叠加原理，将式(2-11)～式(2-16)叠加起来，得到原地应力和井筒内流体压力共同作用下的斜井井筒围岩的应力场为

$$\begin{cases} \sigma_r = p_{\mathrm{w}}\dfrac{2(1-\upsilon')n\dfrac{r_{\mathrm{w}}^2}{r^2}}{\left[1+(1-2\upsilon')n\right]\dfrac{r_{\mathrm{w}}^2}{r_{\mathrm{w}}'^2}-(1-n)} + \dfrac{\sigma_{xx}+\sigma_{yy}}{2}\left(1-\dfrac{r_{\mathrm{w}}^2}{r^2}\right) \\[4mm] \qquad + \dfrac{\sigma_{xx}-\sigma_{yy}}{2}\left(1+3\dfrac{r_{\mathrm{w}}^4}{r^4}-4\dfrac{r_{\mathrm{w}}^2}{r^2}\right)\cos 2\theta + \sigma_{xy}\left(1+3\dfrac{r_{\mathrm{w}}^4}{r^4}-4\dfrac{r_{\mathrm{w}}^2}{r^2}\right)\sin 2\theta \\[4mm] \sigma_\theta = -p_{\mathrm{w}}\dfrac{2(1-\upsilon')n\dfrac{r_{\mathrm{w}}^2}{r^2}}{\left[1+(1-2\upsilon')n\right]\dfrac{r_{\mathrm{w}}^2}{r_{\mathrm{w}}'^2}-(1-n)} + \dfrac{\sigma_{xx}+\sigma_{yy}}{2}\left(1+\dfrac{r_{\mathrm{w}}^2}{r^2}\right) \\[4mm] \qquad - \dfrac{\sigma_{xx}-\sigma_{yy}}{2}\left(1+3\dfrac{r_{\mathrm{w}}^4}{r^4}\right)\cos 2\theta - \sigma_{xy}\left(1+3\dfrac{r_{\mathrm{w}}^4}{r^4}\right)\sin 2\theta \\[4mm] \sigma_z = c\dfrac{r_{\mathrm{w}}^2}{r^2}p_{\mathrm{w}} + \sigma_{zz} - \upsilon\left[2\left(\sigma_{xx}-\sigma_{yy}\right)\dfrac{r_{\mathrm{w}}^2}{r^2}\cos 2\theta + 4\sigma_{xy}\dfrac{r_{\mathrm{w}}^2}{r^2}\sin 2\theta\right] \\[4mm] \tau_{r\theta} = \dfrac{\sigma_{yy}-\sigma_{xx}}{2}\left(1-3\dfrac{r_{\mathrm{w}}^4}{r^4}+2\dfrac{r_{\mathrm{w}}^2}{r^2}\right)\sin 2\theta + \sigma_{xy}\left(1-3\dfrac{r_{\mathrm{w}}^4}{r^4}+2\dfrac{r_{\mathrm{w}}^2}{r^2}\right)\cos 2\theta \\[4mm] \tau_{\theta z} = \left(-\sigma_{xz}\sin\theta + \sigma_{yz}\cos\theta\right)\left(1+\dfrac{r_{\mathrm{w}}^2}{r^2}\right) \\[4mm] \tau_{rz} = \left(\sigma_{xz}\sin\theta + \sigma_{yz}\cos\theta\right)\left(1-\dfrac{r_{\mathrm{w}}^2}{r^2}\right) \end{cases} \tag{2-17}$$

2.1.3　射孔孔眼围岩应力分布

在分析孔眼围岩应力分布的时候，可以把射孔看作与井筒连接并垂直于井筒的小裸眼井。因为在地层破裂前的井筒升压阶段，液体注入的流量非常小，孔眼的摩擦阻力可以忽略不计。假设孔眼受到与井筒相同的液体内压 p_w，并假设射孔半径为 r_p，以孔眼轴线为 a 轴建立柱坐标系 (ρ, φ, a)，定义 σ_θ 方向为射孔周向角 φ 的起始方位，如图 2-7 所示。

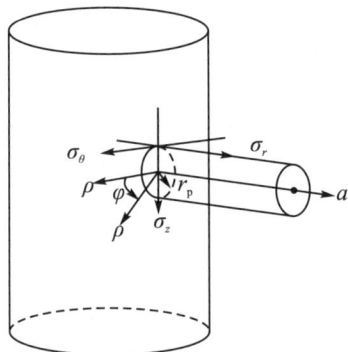

图 2-7　射孔物理模型示意图

为了求出裂缝起裂的破裂压力，需要先计算出孔眼内部的应力分布。前面在分析井筒围岩的应力分布时，把原地应力当作井筒的远场应力，而在分析射孔应力分布时，由于射孔的尺寸很小，也可以参照此方法，将井筒围岩应力分量看作孔眼的远场应力。具体的对应关系如表 2-1 所示。

表 2-1　井筒和射孔远场应力对应关系

	井筒远场应力/MPa					
	σ_{xx}	σ_{yy}	σ_{zz}	τ_{xy}	τ_{xz}	τ_{yz}
射孔远场应力/MPa	σ_θ	σ_z	σ_r	$\tau_{\theta z}$	$\tau_{\theta r}$	τ_{rz}

因为射孔相当于裸眼井，不受套管的影响，液体内压 p_w 引起的应力为

$$\begin{cases} \sigma_\rho = \dfrac{r_\mathrm{p}^2}{r'^2} p_\mathrm{w} \\ \sigma_\varphi = -\dfrac{r_\mathrm{p}^2}{r'^2} p_\mathrm{w} \end{cases} \tag{2-18}$$

式中，r'——距离孔眼轴线的距离，m。

参照本书 2.1.2 节中计算由原地应力引起的井筒围岩应力的方法,得到由应力分量 σ_θ、σ_z、σ_r、$\tau_{\theta z}$、$\tau_{\theta r}$、τ_{rz} 引起的孔眼应力为

$$
\begin{cases}
\sigma_\rho = \dfrac{\sigma_\theta + \sigma_z}{2}\left(1 - \dfrac{r_p^2}{r'^2}\right) + \dfrac{\sigma_\theta - \sigma_z}{2}\left(1 + 3\dfrac{r_p^4}{r'^4} - 4\dfrac{r_p^2}{r'^2}\right)\cos 2\varphi \\[2mm]
\qquad + \sigma_{\theta z}\left(1 + 3\dfrac{r_p^4}{r'^4} - 4\dfrac{r_p^2}{r'^2}\right)\sin 2\varphi \\[3mm]
\sigma_\varphi = \dfrac{\sigma_\theta + \sigma_z}{2}\left(1 + \dfrac{r_p^2}{r'^2}\right) - \dfrac{\sigma_\theta - \sigma_z}{2}\left(1 + 3\dfrac{r_p^4}{r'^4}\right)\cos 2\varphi - \sigma_{\theta z}\left(1 + 3\dfrac{r_p^4}{r'^4}\right)\sin 2\varphi \\[3mm]
\sigma_a = \sigma_r - \upsilon\left[2(\sigma_\theta - \sigma_z)\dfrac{r_p^2}{r'^2}\cos 2\varphi + 4\sigma_{\theta z}\dfrac{r_p^2}{r'^2}\sin 2\varphi\right] \\[3mm]
\tau_{\rho\varphi} = \dfrac{\sigma_z - \sigma_\theta}{2}\left(1 - 3\dfrac{r_p^4}{r'^4} + 2\dfrac{r_p^2}{r'^2}\right)\sin 2\varphi + \sigma_{\theta z}\left(1 - 3\dfrac{r_p^4}{r'^4} + 2\dfrac{r_p^2}{r'^2}\right)\cos 2\varphi \\[3mm]
\tau_{\varphi a} = (-\sigma_{\theta r}\sin\varphi + \sigma_{rz}\cos\varphi)\left(1 + \dfrac{r_p^2}{r'^2}\right) \\[3mm]
\tau_{\rho a} = (\sigma_{\theta r}\sin\varphi + \sigma_{rz}\cos\varphi)\left(1 - \dfrac{r_p^2}{r'^2}\right)
\end{cases}
\tag{2-19}
$$

式中,φ——孔眼柱坐标系下的极角,°。

考虑孔眼中由压裂液滤失效应引起的应力为[53]

$$
\begin{cases}
\sigma_\rho = \left[\dfrac{\alpha(1 - 2\upsilon)}{2(1 - \upsilon)}\dfrac{r'^2 - r_p^2}{r'^2} - \phi\right](p_w - p_p) \\[3mm]
\sigma_\varphi = \left[\dfrac{\alpha(1 - 2\upsilon)}{2(1 - \upsilon)}\dfrac{r'^2 + r_p^2}{r'^2} - \phi\right](p_w - p_p) \\[3mm]
\sigma_a = \left[\dfrac{\alpha(1 - 2\upsilon)}{(1 - \upsilon)} - \phi\right](p_w - p_p)
\end{cases}
\tag{2-20}
$$

式中,α——有效应力系数,无因次;

$\quad\quad p_p$——地层孔隙压力,MPa;

$\quad\quad \phi$——地层孔隙度,无因次。

结合式(2-18)~式(2-20),得出孔眼围岩的应力分布为

$$\begin{cases}
\sigma_\rho = \dfrac{r_p^2}{r'^2}p_w + \dfrac{\sigma_\theta+\sigma_z}{2}\left(1-\dfrac{r_p^2}{r'^2}\right) + \dfrac{\sigma_\theta-\sigma_z}{2}\left(1+3\dfrac{r_p^4}{r'^4}-4\dfrac{r_p^2}{r'^2}\right)\cos2\varphi \\
\quad + \sigma_{\theta z}\left(1+3\dfrac{r_p^4}{r'^4}-4\dfrac{r_p^2}{r'^2}\right)\sin2\varphi + \left[\dfrac{\alpha(1-2\upsilon)}{2(1-\upsilon)}\dfrac{r'^2-r_p^2}{r'^2}-\phi\right](p_w-p_p) \\[2mm]
\sigma_\varphi = -\dfrac{r_p^2}{r'^2}p_w + \dfrac{\sigma_\theta+\sigma_z}{2}\left(1+\dfrac{r_p^2}{r'^2}\right) - \dfrac{\sigma_\theta-\sigma_z}{2}\left(1+3\dfrac{r_p^4}{r'^4}\right)\cos2\varphi \\
\quad - \sigma_{\theta z}\left(1+3\dfrac{r_p^4}{r'^4}\right)\sin2\varphi + \left[\dfrac{\alpha(1-2\upsilon)}{2(1-\upsilon)}\dfrac{r'^2+r_p^2}{r'^2}-\phi\right](p_w-p_p) \\[2mm]
\sigma_a = c\dfrac{r_p^2}{r'^2}p_w + \sigma_r - \upsilon\left[2(\sigma_\theta-\sigma_z)\dfrac{r_p^2}{r'^2}\cos2\varphi + 4\sigma_{\theta z}\dfrac{r_p^2}{r'^2}\sin2\varphi\right] \\
\quad + \left[\dfrac{\alpha(1-2\upsilon)}{(1-\upsilon)}-\phi\right](p_w-p_p) \\[2mm]
\tau_{\rho\varphi} = \dfrac{\sigma_z-\sigma_\theta}{2}\left(1-3\dfrac{r_p^4}{r'^4}+2\dfrac{r_p^2}{r'^2}\right)\sin2\varphi + \sigma_{\theta z}\left(1-3\dfrac{r_p^4}{r'^4}+2\dfrac{r_p^2}{r'^2}\right)\cos2\varphi \\[2mm]
\tau_{\varphi a} = (-\sigma_{\theta r}\sin\varphi + \sigma_{rz}\cos\varphi)\left(1+\dfrac{r_p^2}{r'^2}\right) \\[2mm]
\tau_{\rho a} = (\sigma_{\theta r}\sin\varphi + \sigma_{rz}\cos\varphi)\left(1-\dfrac{r_p^2}{r'^2}\right)
\end{cases} \tag{2-21}$$

令 $r'=r_p$，得到以井筒围岩应力分量表达的孔眼壁面的应力分布为

$$\begin{cases}
\sigma_\rho = p_w(1-\phi) + \phi p_p \\
\sigma_\varphi = -p_w + \sigma_\theta + \sigma_z - 2(\sigma_\theta-\sigma_z)\cos2\varphi - 4\sigma_{\theta z}\sin2\varphi \\
\quad + \left[\dfrac{\alpha(1-2\upsilon)}{(1-\upsilon)}-\phi\right](p_w-p_p) \\
\sigma_a = cp_w + \sigma_r - \upsilon\left[2(\sigma_\theta-\sigma_z)\cos2\varphi + 4\sigma_{\theta z}\sin2\varphi\right] \\
\quad + \left[\dfrac{\alpha(1-2\upsilon)}{(1-\upsilon)}-\phi\right](p_w-p_p) \\
\tau_{\rho\varphi} = 0 \\
\tau_{\varphi a} = 2(-\sigma_{\theta r}\sin\varphi + \sigma_{rz}\cos\varphi) \\
\tau_{\rho a} = 0
\end{cases} \tag{2-22}$$

由式(2-22)可见，由于 $\tau_{\rho\varphi}$、$\tau_{\rho a}$ 都为 0，因此孔眼径向应力 σ_ρ 为 φ-a 平面内的一个主应力；由于 $\tau_{\varphi a}$ 不为 0，因此 σ_φ 和 σ_a 不是平面内的主应力。通过复合应力理论可计算得到另外两个主应力，即 φ-a 平面内主应力为

$$\begin{cases} \sigma_1 = \sigma_\rho \\ \sigma_2 = \frac{1}{2}\left[(\sigma_\varphi + \sigma_a) + \sqrt{(\sigma_\varphi - \sigma_a)^2 + 4\tau_{\varphi a}^2} \right] \\ \sigma_3 = \frac{1}{2}\left[(\sigma_\varphi + \sigma_a) - \sqrt{(\sigma_\varphi - \sigma_a)^2 + 4\tau_{\varphi a}^2} \right] \end{cases} \quad (2\text{-}23)$$

因此，在孔眼任意一个角度 φ 所受最大拉应力为(压力为正，拉力为负)

$$\sigma_{\max}(\varphi) = \frac{1}{2}\left[(\sigma_\varphi + \sigma_a) - \sqrt{(\sigma_\varphi - \sigma_a)^2 + 4\tau_{\varphi a}^2} \right] \quad (2\text{-}24)$$

2.2　裂缝性储层破裂压力模型

根据已有的研究结果可知，人工裂缝起裂的影响因素包括地应力、岩石力学参数、射孔参数、井筒内液体压力及压裂液渗滤效应等。除此之外，经实践证明，近井地带发育的天然裂缝也是影响人工裂缝起裂的主控因素之一。本书考虑三种裂缝的起裂模式(从井筒围岩本体起裂、沿天然裂缝剪切起裂和沿天然裂缝张性起裂)，建立不同起裂模式的破裂压力模型。

2.2.1　从井筒围岩本体起裂

在水力压裂裂缝起裂研究中，使用最广泛的破裂准则为最大张应力准则。Hossain 等[54]证实，无论原地应力分布数据来源于小型压裂测试还是水力压裂测试，基于张性破裂准则预测的裂缝起裂压力比其他任何破裂准则都更为精确，即当岩石所受的拉应力大于其抗张强度时，岩石将发生破裂并形成初始裂缝。

钻井形成的井眼会导致应力集中，使井壁处的应力大于原地应力，再加上岩石的抗压强度远大于抗张强度，因此，与水力裂缝起裂相关的主要因素是井壁处的周向应力大小[55]。从井筒围岩本体起裂的条件为

$$\sigma_{\max}(\varphi) - \alpha p_p < -\sigma_t \quad (2\text{-}25)$$

式中，σ_t——地层岩石的抗拉强度，MPa。

由于水力裂缝从孔眼壁面最大拉应力处起裂，因此对式(2-25)求导可确定起裂方位。

$$\frac{\sigma_{\max}(\varphi)}{\varphi} = 0 \quad (2\text{-}26)$$

满足上式的 φ_0 即是裂缝起裂的起裂方位角，裂缝的起裂角为裂缝破裂的平面与射孔轴线的夹角，令其为 γ，以右手定则判断其正负，如图 2-8 所示。其中 σ_1、σ_2、σ_3 为前面分析破裂面的三个主应力，σ_1 与 σ_ρ 方向大小一致；σ_2、σ_3 为 σ_φ、σ_a

按右手定则绕 σ_{ρ} 方向旋转 γ 后得到的另外两个主应力，σ_3 为最小拉应力，与裂缝起裂方向一致，σ_2 为最大拉应力方向，与裂缝面垂直。

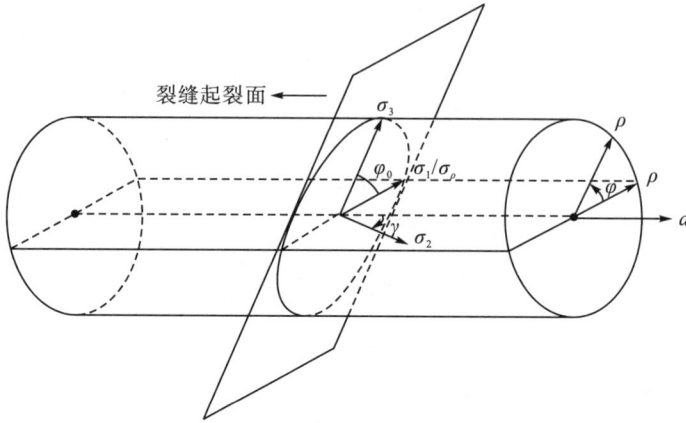

图 2-8　裂缝起裂方位、起裂角示意图

由于裂缝在井壁上的起裂角度 γ 与最大拉应力同向[56]，因此有

$$\tan 2\gamma = \frac{2\tau_{\varphi a}}{\sigma_{\varphi} - \sigma_a} \tag{2-27}$$

该方程存在两个解，即

$$\gamma_1 = \frac{1}{2}\arctan\frac{2\tau_{\varphi a}}{\sigma_{\varphi} - \sigma_a}$$
$$\gamma_2 = \frac{\pi}{2} + \frac{1}{2}\arctan\frac{2\tau_{\varphi a}}{\sigma_{\varphi} - \sigma_a} \tag{2-28}$$

事实上，γ_1、γ_2 对应主应力 σ_2、σ_3，具体的对应关系需要进一步分析。引入极值函数：

$$\sigma_{\max}(\gamma) = \frac{1}{2}(\sigma_{\varphi} + \sigma_a) + \frac{1}{2}(\sigma_{\varphi} - \sigma_a)\cos 2\gamma + \tau_{\varphi a}\sin 2\gamma \tag{2-29}$$

对其求二阶导得

$$F(\gamma) = \sigma_{\max}{''}(\gamma) = 2(\sigma_{\varphi} - \sigma_a)\cos 2\gamma + 4\tau_{\varphi a}\sin 2\gamma \tag{2-30}$$

由于 $F(\gamma_1)$ 与 $F(\gamma_2)$ 符号相反，必有一个大于 0，而另一个小于 0。因此，能使其大于 0 的 γ 为裂缝起裂角的真实值。

式(2-22)～式(2-30)构成了射孔斜井的破裂压力、破裂方位、破裂角计算数学模型。由于公式之间关系复杂，不能直接求出其解析解，故采用逼近法数值求解，具体的步骤如下。

①确定基本参数，包括地应力、井斜角、方位角、射孔方位、岩石力学参数等。

②对井筒内流体压力 p_w 赋值，使其等于孔隙压力。

③给定一个射孔方位 θ 和初始孔深，根据式(2-5)、式(2-17)和式(2-22)将地应力进行坐标变换，并求出孔眼壁面的应力分布。

④根据式(2-24)、式(2-26)，采用牛顿法求解非线性方程，确定孔眼壁面最大拉应力 $\sigma_{max}(\varphi)$，以及破裂方位角 φ_0。根据式(2-25)判断其是否满足破裂条件。

⑤如果最大拉应力 $\sigma_{max}(\varphi)$ 不满足破裂条件，则增加 p_w 的值，重复步骤③～④，直到满足条件。

⑥按一定步长增加孔深，重复步骤③～⑤，计算出不同孔深条件下的破裂压裂值，其中最小的值即最终的破裂压裂值和对应孔深。

2.2.2 沿天然裂缝剪切起裂

由本章前述的关于裂缝性地质特征的讨论可知，裂缝性储层为天然裂缝较为发育的储层，天然裂缝在裂缝性储层多发育为低倾角裂缝，天然裂缝方位与最大水平主应力方向接近。近井地带发育的天然裂缝是影响人工裂缝起裂的因素之一，特别是在孔眼和天然裂缝或结构弱面相交的情况下[57]。因此，本节利用莫尔-库伦剪切破坏准则来分析天然裂缝与孔眼相交情况下沿天然裂缝剪切起裂的判定方法。

1. 莫尔-库伦理论

长期以来，人们根据对材料破坏现象的分析，提出了各种不同的强度理论。其中适用于岩土的强度理论有多种，不同的理论各有其优缺点。在岩土力学中被广泛采用的强度理论为莫尔-库伦强度理论[58]。

1773 年，法国学者库伦(Coulomb)根据砂土的试验结果，提出当某一结构面上的剪应力超过其所能承受的极限剪应力 τ_f 时，岩石发生破坏(图 2-9)。而 τ_f 在应力变化不大的范围内，可表示为剪切滑动面上法向应力 σ 的线性函数，即有

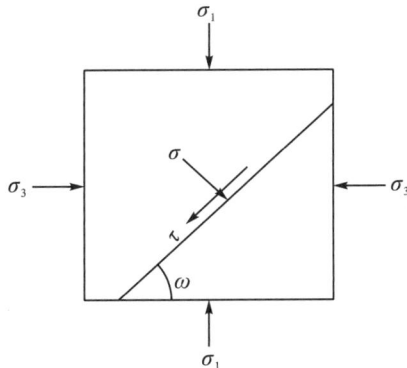

图 2-9 岩石中任意面的应力

$$\tau_f = c_\omega + \sigma \tan \chi \tag{2-31}$$

式中，τ_f——岩石的抗剪强度，MPa；

c_ω——天然裂缝的黏聚力，MPa；

σ——天然裂缝面上法向应力，MPa；

χ——天然裂缝内摩擦角，°。

通过静力平衡及几何关系可得

$$\begin{cases} \sigma = \dfrac{1}{2}(\sigma_1 + \sigma_3) + \dfrac{1}{2}(\sigma_1 - \sigma_3)\cos 2\omega \\ \tau = \dfrac{1}{2}(\sigma_1 - \sigma_3)\sin 2\omega \end{cases} \tag{2-32}$$

式中，σ_1——最大主应力，MPa；

σ_3——最小主应力，MPa；

ω——天然裂缝面与最小主应力的夹角，°；

τ——天然裂缝面上所受切应力，MPa。

将式(2-32)带入式(2-31)，得到沿天然裂缝产生剪切破坏的临界条件为

$$\frac{1}{2}(\sigma_1 - \sigma_3)\sin 2\omega = c_\omega + \left[\frac{1}{2}(\sigma_1 + \sigma_3) + \frac{1}{2}(\sigma_1 - \sigma_3)\cos 2\omega\right]\tan \chi \tag{2-33}$$

由式(2-32)可知，在σ_1和σ_3已知的情况下，斜面上的法向应力σ和剪应力τ仅与斜面倾角ω有关，σ和τ之间的关系为

$$\left(\sigma - \frac{\sigma_1 + \sigma_3}{2}\right)^2 + \tau^2 = \left(\frac{\sigma_1 - \sigma_3}{2}\right)^2 \tag{2-34}$$

上式表示圆心为($\frac{\sigma_1 + \sigma_3}{2}$，0)、半径为$\frac{\sigma_1 - \sigma_3}{2}$的莫尔应力圆。莫尔应力圆上任一点代表与最小主应力$\sigma_3$方向成$\omega$角的斜面，其横、纵坐标值分别代表该面上的剪应力和法向应力。按一定比例尺，在以σ为横坐标轴、以τ为纵坐标轴的直角坐标系中画出莫尔应力圆(图2-10)。

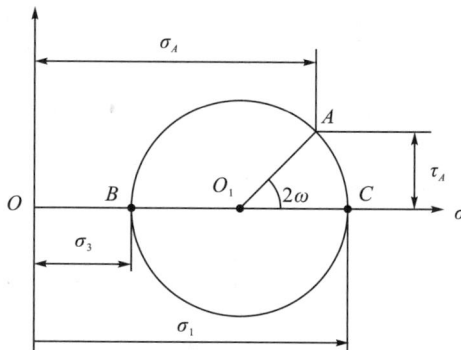

图2-10 莫尔应力圆示意图

图中，莫尔应力圆上的 A 点即表示受到最大主应力 σ_1、最小主应力 σ_3 与最小主应力夹角为 ω 的天然裂缝面的应力状态，此天然裂缝面上的法向应力为 σ_A，切应力为 τ_A。

将岩石的莫尔应力圆和岩石的抗剪强度关系曲线（由式(2-31)得到）画在同一个直角坐标系中，就可以判断天然裂缝是否达到极限平衡状态。

由前述可知，莫尔应力圆上的每一点的横坐标和纵坐标都可分别表示天然裂缝面上的正应力 σ 和剪应力 τ，如果抗剪强度包络线与莫尔圆不相交，则天然裂缝不会剪切破裂；抗剪强度包络线与莫尔圆相交(图 2-11)，则在抗剪强度包络线以上的受力状态会使天然裂缝剪切破裂，即在 σ_1、σ_3 一定的情况下，ω 满足条件 $\omega_1 < \omega < \omega_2$ 时，岩体会首先沿天然裂缝剪切破裂。

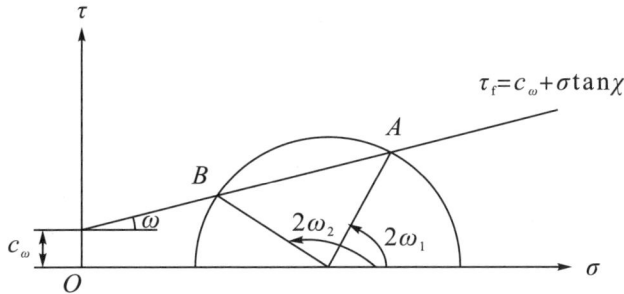

图 2-11　莫尔圆与抗剪强度包络线关系图

利用几何关系，ω_1 的值可以通过下式计算：

$$\frac{\frac{\sigma_1 - \sigma_3}{2}}{\sin \omega} = \frac{c_\omega \cot \omega + \frac{\sigma_1 - \sigma_3}{2}}{\sin(2\omega_1 - \omega)} \tag{2-35}$$

整理可得

$$\omega_1 = \frac{\omega}{2} + \frac{1}{2}\left[\frac{(\sigma_1 + \sigma_3 + 2c_\omega \cot \omega)\sin \omega}{\sigma_1 - \sigma_3}\right] \tag{2-36}$$

同理可得

$$\omega_2 = \frac{\omega + \pi}{2} - \frac{1}{2}\left[\frac{(\sigma_1 + \sigma_3 + 2c_\omega \cot \omega)\sin \omega}{\sigma_1 - \sigma_3}\right] \tag{2-37}$$

当 σ_3 一定时，σ_1 与 ω 的关系如图 2-12 所示。

图中的曲线表示岩石的临界破坏强度，A、B 两点分别对应 ω_1、ω_2。当 $\omega < \omega_1$ 或 $\omega > \omega_2$，σ_1 大于水平线段对应值时，岩石从本体起裂；当 $\omega_1 < \omega < \omega_2$，$\sigma_1$ 大于曲线段对应值时，岩石沿天然裂缝起裂。

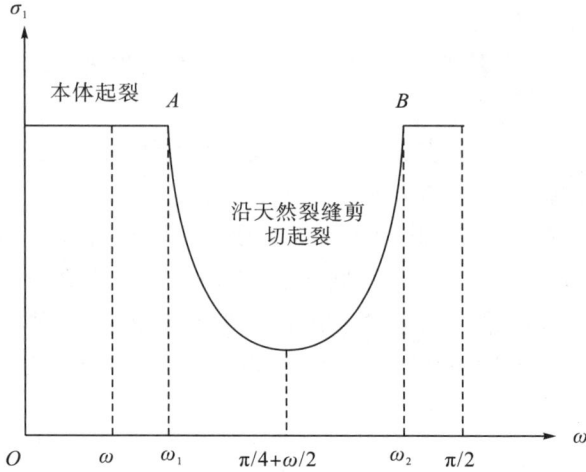

图 2-12　σ_1 与 ω 的关系图

2. 沿天然裂缝剪切起裂模型

(1)天然裂缝与孔眼交线。如图 2-13 所示,将天然裂缝面看作一个二维的平面,令天然裂缝的方位角为天然裂缝与水平面交线(图中①)与水平最大主应力方向(图中②)的夹角 θ_0,以逆时针转动为正,天然裂缝倾角为 ψ_0。

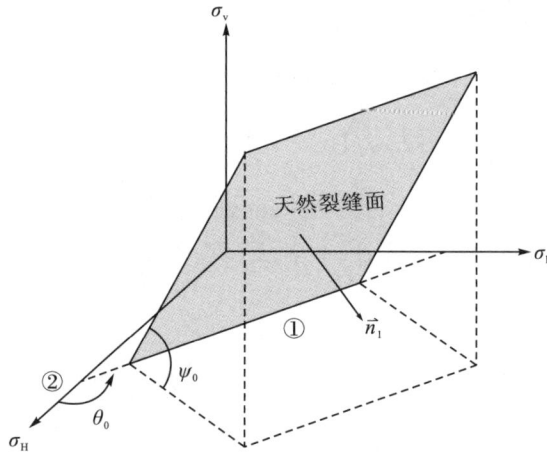

图 2-13　天然裂缝面示意图

令 $\vec{i}$、$\vec{j}$、$\vec{k}$ 分别对应坐标系(σ_H,σ_h,σ_v)中 σ_H、σ_h、σ_v 方向的单位向量,天然裂缝面的法向量为

$$\vec{n}_1 = \sin\psi_0 \sin\theta_0 \vec{i} - \sin\psi_0 \cos\theta_0 \vec{j} - \cos\psi_0 \vec{k} \qquad (2\text{-}38)$$

假设孔眼穿过天然裂缝面,则其交线为椭圆,如图 2-14 所示。因为井筒的方位角为 β,井斜角为 Ψ,射孔孔眼的射孔方位为 θ,根据坐标变换原理,得到孔眼轴线的方向向量为

$$\vec{n}_2 = (\cos\psi\cos\beta\cos\theta - \sin\beta\sin\theta)\vec{i}$$
$$+ (\cos\beta\sin\theta + \cos\psi\sin\beta\cos\theta)\vec{j} - \sin\psi\cos\theta\vec{k} \tag{2-39}$$

井筒切向应力 σ_θ 的方向向量（即为孔眼周向角 φ 的起始方向）为

$$\vec{n}_3 = -(\cos\psi\cos\beta\sin\theta + \sin\beta\cos\theta)\vec{i}$$
$$+ (\cos\beta\cos\theta - \cos\psi\sin\beta\sin\theta)\vec{j} + \sin\psi\sin\theta\vec{k} \tag{2-40}$$

令天然裂缝与孔眼椭圆交线短半轴的方向向量为 $\vec{n}_4$ ，由 $\vec{n}_4 \perp \vec{n}_2$ 、$\vec{n}_4 \perp \vec{n}_1$ 得到（通过右手定则判断方向）：

$$\vec{n}_4 = \vec{n}_2 \times \vec{n}_1 \tag{2-41}$$

同理，令天然裂缝与孔眼椭圆交线短半轴的方向向量为 $\vec{n}_5$ ，由 $\vec{n}_5 \perp \vec{n}_1$ 、$\vec{n}_5 \perp \vec{n}_4$ 得到：

$$\vec{n}_5 = \vec{n}_1 \times \vec{n}_4 \tag{2-42}$$

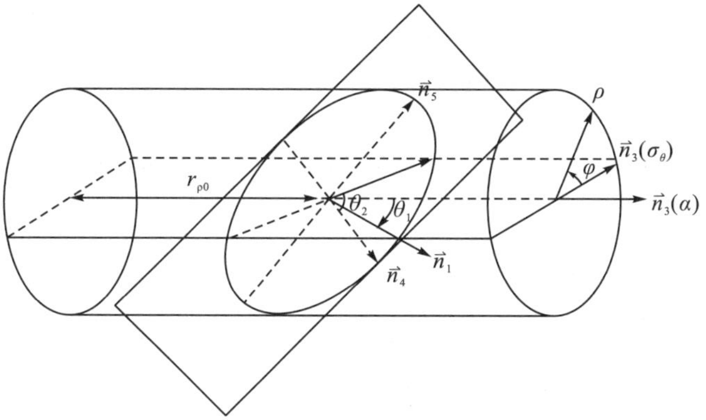

图 2-14　天然裂缝和孔眼交线示意图

由以上分析可以得到天然裂缝面法线 $\vec{n}_1$ 与孔眼轴线 $\vec{n}_2$ 的夹角 θ_1 的余弦值为

$$\cos\theta_1 = \frac{\vec{n}_1 \cdot \vec{n}_2}{|\vec{n}_1| \cdot |\vec{n}_2|} \tag{2-43}$$

令孔眼周向角起始方位与椭圆交线周向角起始方位的夹角为 θ_2 ，即井筒切向应力 σ_θ 的方向向量 $\vec{n}_3$ 与椭圆短轴方向向量 $\vec{n}_4$ 的夹角，其表达式为

$$\theta_2 = \arccos\left(\frac{\vec{n}_3 \cdot \vec{n}_4}{|\vec{n}_3| \cdot |\vec{n}_4|}\right) \tag{2-44}$$

则椭圆交线的极坐标方程为

$$r_e = \frac{r_p}{\sqrt{1 - \cos^2\theta_1 \sin^2\theta_e}} \tag{2-45}$$

式中，r_e——椭圆的极半径，m；

r_p——孔眼半径，m；

θ_e——椭圆的极角，起始方向为 $\bar{n}_4$ 方向，逆时针旋转为正，°。

假设孔眼轴线与裂缝面的交点孔深为 r_{p0}，结合式(2-45)，得到孔眼交线在孔眼坐标系 (ρ, φ, a) 中的坐标为

$$\begin{cases} \rho = r_p \\ \varphi = \theta_e \pm \theta_2 \\ a = r_{p0} + \sqrt{\dfrac{r_p^2}{1-\cos^2\theta_1\sin^2\theta_e} - r_p^2} & (0 < \theta_e \leqslant \pi) \\ a = r_{p0} - \sqrt{\dfrac{r_p^2}{1-\cos^2\theta_1\sin^2\theta_e} - r_p^2} & (\pi < \theta_e \leqslant 2\pi) \end{cases} \tag{2-46}$$

注意到上式中的周向坐标 φ 带有正负号，因为夹角 θ_2 不具有方向性，不能直接判断孔眼周向角的起始位置，所以下面来讨论其具体的判定准则。令 $\bar{n}_3$ 与 $\bar{n}_5$ 的夹角为 θ_3，则有

$$\cos\theta_3 = \frac{\bar{n}_3 \cdot \bar{n}_5}{|\bar{n}_3| \cdot |\bar{n}_5|} = \frac{\bar{n}_3 \cdot (\bar{n}_1 \times \bar{n}_4)}{|\bar{n}_3| \cdot |\bar{n}_1 \times \bar{n}_4|} = \frac{\bar{n}_3 \cdot (\bar{n}_1 \times \bar{n}_2 \times \bar{n}_1)}{|\bar{n}_3| \cdot |\bar{n}_1 \times \bar{n}_2 \times \bar{n}_1|} \tag{2-47}$$

通过对 $\bar{n}_3$、$\bar{n}_4$、$\bar{n}_5$ 位置关系的分析可知，当 $\bar{n}_3$ 与 $\bar{n}_5$ 的夹角为锐角，即 $\cos\theta_3 \geqslant 0$ 时，式(2-46)可改为

$$\begin{cases} \rho = r_p \\ \varphi = \theta_e - \theta_2 \\ a = r_{p0} + \sqrt{\dfrac{r_p^2}{1-\cos^2\theta_1\sin^2\theta_e} - r_p^2} & (0 < \theta_e \leqslant \pi) \\ a = r_{p0} - \sqrt{\dfrac{r_p^2}{1-\cos^2\theta_1\sin^2\theta_e} - r_p^2} & (\pi < \theta_e \leqslant 2\pi) \end{cases} \tag{2-48}$$

当 $\bar{n}_3$ 与 $\bar{n}_5$ 的夹角为钝角，即 $\cos\theta_3 < 0$ 时，式(2-48)为

$$\begin{cases} \rho = r_p \\ \varphi = \theta_e + \theta_2 \\ a = r_{p0} + \sqrt{\dfrac{r_p^2}{1-\cos^2\theta_1\sin^2\theta_e} - r_p^2} & (0 < \theta_e \leqslant \pi) \\ a = r_{p0} - \sqrt{\dfrac{r_p^2}{1-\cos^2\theta_1\sin^2\theta_e} - r_p^2} & (\pi < \theta_e \leqslant 2\pi) \end{cases} \tag{2-49}$$

通过式(2-47)~式(2-49)即可计算天然裂缝与孔眼交线在孔眼极坐标系 (ρ, φ, a) 中的具体坐标。

(2)剪切起裂模型。当天然裂缝和射孔孔眼相交时，孔眼壁面与天然裂缝相交

处受到三个主应力(式(2-23)), 其中 σ_1 与 σ_r 方向大小一致, 即垂直于交线, σ_2、σ_3 为 σ_φ、σ_a 绕 σ_ρ 旋转 γ(式(2-27))后得到的另外两个主应力。要判断是否沿天然裂缝剪切起裂, 首先需要分析 σ_1、σ_2、σ_3 的大小关系以及与交线的夹角, 再利用莫尔-库伦剪切破坏准则即可判断天然裂缝是否起裂。

当椭圆交线上的某点的极角为 φ 时, 由坐标变换原理, 得到 σ_ρ、σ_φ、σ_a 在坐标系(σ_H, σ_h, σ_v)中的方向向量为

$$
\begin{cases}
\vec{\sigma}_\rho = \big[\cos\beta(\sin\psi\sin\varphi - \cos\psi\sin\theta\cos\varphi) - \sin\beta\cos\theta\cos\varphi\big]\vec{i} \\
\qquad + \big[\sin\beta(\sin\psi\sin\varphi - \cos\psi\sin\theta\cos\varphi) + \cos\beta\cos\theta\cos\varphi\big]\vec{j} \\
\qquad + (\cos\psi\sin\varphi + \sin\psi\sin\theta\cos\varphi)\vec{k} \\
\vec{\sigma}_\varphi = \big[\cos\beta(\sin\psi\cos\varphi + \cos\psi\sin\theta\sin\varphi) + \sin\beta\cos\theta\sin\varphi\big]\vec{i} \\
\qquad + \big[\sin\beta(\sin\psi\cos\varphi + \cos\psi\sin\theta\sin\varphi) - \cos\beta\cos\theta\sin\varphi\big]\vec{j} \\
\qquad + (\cos\psi\cos\varphi - \sin\psi\sin\theta\sin\varphi)\vec{k} \\
\vec{\sigma}_a = (\cos\psi\cos\beta\cos\theta - \sin\beta\sin\theta)\vec{i} \\
\qquad + (\cos\beta\sin\theta + \cos\psi\sin\beta\cos\theta)\vec{j} \\
\qquad - \sin\psi\cos\theta\vec{k}
\end{cases} \tag{2-50}
$$

将 $\vec{\sigma}_\varphi$、$\vec{\sigma}_a$ 按右手定则绕 $\vec{\sigma}_\rho$ 旋转 γ 度, 得到 σ_1、σ_2、σ_3 在坐标系(σ_H, σ_h, σ_v)中的方向向量为

$$
\begin{cases}
\vec{\sigma}_1 = \big[\cos\beta(\sin\psi\sin\varphi - \cos\psi\sin\theta\cos\varphi) - \sin\beta\cos\theta\cos\varphi\big]\vec{i} \\
\qquad + \big[\sin\beta(\sin\psi\sin\varphi - \cos\psi\sin\theta\cos\varphi) + \cos\beta\cos\theta\cos\varphi\big]\vec{j} \\
\qquad + (\cos\psi\sin\varphi + \sin\psi\sin\theta\cos\varphi)\vec{k} \\
\vec{\sigma}_2 = \big\{\cos\beta\big[\cos\psi(\cos\theta\sin\gamma + \sin\theta\sin\varphi\cos\gamma) + \sin\psi\cos\varphi\cos\gamma\big] \\
\qquad - \sin\beta(\sin\theta\sin\gamma - \cos\theta\sin\varphi\cos\gamma)\big\}\vec{i} \\
\qquad + \big\{\sin\beta\big[\cos\psi(\cos\theta\sin\gamma + \sin\theta\sin\varphi\cos\gamma) + \sin\psi\cos\varphi\cos\gamma\big] \\
\qquad + \cos\beta(\sin\theta\sin\gamma - \cos\theta\sin\varphi\cos\gamma)\big\}\vec{j} \\
\qquad + \big[\sin\psi(\cos\theta\cos\gamma + \sin\theta\sin\varphi\sin\gamma) - \cos\psi\cos\varphi\sin\gamma\big]\vec{k} \\
\vec{\sigma}_3 = \big\{\cos\beta\big[\cos\psi(\cos\theta\cos\gamma - \sin\theta\sin\varphi\sin\gamma) - \sin\psi\cos\varphi\sin\gamma\big] \\
\qquad - \sin\beta(\sin\theta\cos\gamma + \cos\theta\sin\varphi\sin\gamma)\big\}\vec{i} \\
\qquad + \big\{\sin\beta\big[\cos\psi(\cos\theta\cos\gamma - \sin\theta\sin\varphi\sin\gamma) - \sin\psi\cos\varphi\sin\gamma\big] \\
\qquad + \cos\beta(\sin\theta\cos\gamma + \cos\theta\sin\varphi\sin\gamma)\big\}\vec{j} \\
\qquad - \big[\sin\psi(\cos\theta\sin\gamma - \sin\theta\sin\varphi\cos\gamma) + \cos\psi\cos\varphi\cos\gamma\big]\vec{k}
\end{cases} \tag{2-51}
$$

因为 σ_1、σ_2、σ_3 为射孔壁面互相垂直的三个主应力，再由式(2-33)可知，要利用莫尔-库伦准则判断天然裂缝是否剪切起裂，需要先判断 σ_1、σ_2、σ_3 的相对大小，确定最大和最小主应力，令

$$\begin{cases} \sigma_{\max} = \max(\sigma_1, \sigma_2, \sigma_3) \\ \sigma_{\min} = \min(\sigma_1, \sigma_2, \sigma_3) \end{cases} \tag{2-52}$$

设最大主应力和最小主应力所在平面与天然裂缝面的交线的方向向量为 $\vec{n}_6$，如图2-15所示，则有

$$\vec{n}_6 = \vec{n}_{\max} \times \vec{n}_{\min} \times \vec{n}_1 \tag{2-53}$$

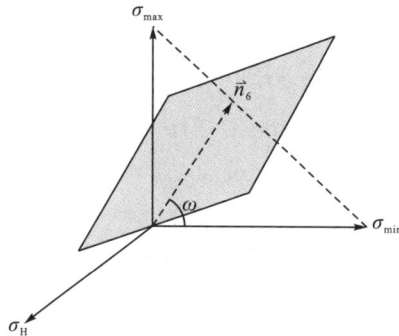

图2-15 天然裂缝与最小主应力夹角

由式(2-38)、式(2-51)~式(2-53)可以得到天然裂缝与最小主应力 $\sigma_{\min}$ 的夹角 ω 为

$$\omega = \arccos\left(\frac{\vec{n}_6 \cdot \sigma_{\min}}{|\vec{n}_6| \cdot |\vec{\sigma}_{\min}|} \right) \tag{2-54}$$

通过以上分析可以得到天然裂缝与孔眼交线在孔眼坐标系中的坐标，以及交线上每一点的三个主应力的大小和方向，再通过莫尔-库伦准则即可判断是否沿天然裂缝剪切起裂，具体的计算步骤如下。

①确定基本参数，包括地应力、井斜角、方位角、射孔方位、岩石力学参数、天然裂缝参数等。

②给定孔眼轴线与裂缝面的交点孔深 r_{p0} 和椭圆交线初始孔眼极角 θ_e，由式(2-38)~式(2-44)、式(2-47)~式(2-49)计算天然裂缝与孔眼交线上每一点的坐标。

③对井筒内流体压力 p_w 赋值，使其等于孔隙压力，根据式(2-5)、式(2-17)、式(2-22)将地应力进行坐标变换，并求出交线上初始点的应力分布。

④根据本书2.2.1中判断人工裂缝从岩石本体起裂的计算方法，判断天然裂缝和孔眼交线上的初始点是否沿岩石本体起裂。如果达到起裂条件则回到步骤③，进行交线上下一个点的计算。

⑤如果天然裂缝和孔眼交线上的初始点不沿岩石本体起裂，则根据式(2-38)、式(2-51)~式(2-54)计算出交线上初始点的最大主应力和最小主应力，再根据

式 (2-33) 判断交线上的初始点是否沿天然裂缝剪切起裂。

⑥如果交线上的初始点沿天然裂缝剪切起裂，则重复步骤③～⑤计算交线上下一点的破裂压力。如果交线上的初始点不沿天然裂缝剪切起裂，则按一定步长增加 p_w 的值，重复步骤③～⑥继续计算，直到满足人工裂缝起裂的条件。

⑦对比天然裂缝与孔眼交线上每一点的剪切破裂压力值，最小的值即为沿天然裂缝剪切起裂压力。如果没有剪切破裂压力值，则人工裂缝不沿天然裂缝剪切起裂。

2.2.3　沿天然裂缝张性起裂

在天然裂缝性地层压裂时，另一种沿天然裂缝起裂的方式为张性起裂，起裂的条件为天然裂缝面所受拉应力达到天然裂缝的抗张强度[59]，因此沿天然裂缝张性起裂的条件为

$$\sigma - \alpha p_p \leqslant 0 \qquad (2\text{-}55)$$

式中，σ——天然裂缝面所受正应力，MPa。

假设天然裂缝与水平面交线和最大水平主应力方向的夹角为 θ_0，倾角为 ψ_0。由上一节的分析可知，在地应力坐标系 (σ_H, σ_h, σ_v) 中，天然裂缝面的法向向量为

$$\bar{n}_1 = \sin\psi_0 \sin\theta_0 \vec{i} - \sin\psi_0 \cos\theta_0 \vec{j} - \cos\psi_0 \vec{k} \qquad (2\text{-}56)$$

假设井筒方位角为 β，井斜角为 Ψ，射孔方位为 θ，孔眼周向角为 φ，孔眼应力 σ_ρ、σ_φ、σ_a 绕 σ_ρ 旋转 γ 度得到主应力 σ_1、σ_2、σ_3，则 σ_1、σ_2、σ_3 在地应力坐标系 (σ_H, σ_h, σ_v) 中的方向向量为

$$
\begin{cases}
\begin{aligned}
\bar{\sigma}_1 =& \left[\cos\beta(\sin\psi\sin\varphi - \cos\psi\sin\theta\cos\varphi) - \sin\beta\cos\theta\cos\varphi \right]\vec{i} \\
&+ \left[\sin\beta(\sin\psi\sin\varphi - \cos\psi\sin\theta\cos\varphi) + \cos\beta\cos\theta\cos\varphi \right]\vec{j} \\
&+ (\cos\psi\sin\varphi + \sin\psi\sin\theta\cos\varphi)\vec{k} \\
\bar{\sigma}_2 =& \left\{ \cos\beta\left[\cos\psi(\cos\theta\sin\gamma + \sin\theta\sin\varphi\cos\gamma) + \sin\psi\cos\varphi\cos\gamma \right] \right. \\
&\left. - \sin\beta(\sin\theta\sin\gamma - \cos\theta\sin\varphi\cos\gamma) \right\}\vec{i} \\
&+ \left\{ \sin\beta\left[\cos\psi(\cos\theta\sin\gamma + \sin\theta\sin\varphi\cos\gamma) + \sin\psi\cos\varphi\cos\gamma \right] \right. \\
&\left. + \cos\beta(\sin\theta\sin\gamma - \cos\theta\sin\varphi\cos\gamma) \right\}\vec{j} \\
&+ \left[\sin\psi(\cos\theta\cos\gamma + \sin\theta\sin\varphi\sin\gamma) - \cos\psi\cos\varphi\sin\gamma \right]\vec{k} \\
\bar{\sigma}_3 =& \left\{ \cos\beta\left[\cos\psi(\cos\theta\cos\gamma - \sin\theta\sin\varphi\sin\gamma) - \sin\psi\cos\varphi\sin\gamma \right] \right. \\
&\left. - \sin\beta(\sin\theta\cos\gamma + \cos\theta\sin\varphi\sin\gamma) \right\}\vec{i} \\
&+ \left\{ \sin\beta\left[\cos\psi(\cos\theta\cos\gamma - \sin\theta\sin\varphi\sin\gamma) - \sin\psi\cos\varphi\sin\gamma \right] \right. \\
&\left. + \cos\beta(\sin\theta\cos\gamma + \cos\theta\sin\varphi\sin\gamma) \right\}\vec{j} \\
&- \left[\sin\psi(\cos\theta\sin\gamma - \sin\theta\sin\varphi\cos\gamma) + \cos\psi\cos\varphi\cos\gamma \right]\vec{k}
\end{aligned}
\end{cases} \qquad (2\text{-}57)
$$

令天然裂缝面法向向量与 σ_1、σ_2、σ_3 的夹角分别为 β_1、β_2、β_3，则有

$$\begin{cases} \beta_1 = \arccos \dfrac{\bar{n}_1 \cdot \bar{\sigma}_1}{|\bar{n}_1| \cdot |\bar{\sigma}_1|} \\[2mm] \beta_2 = \arccos \dfrac{\bar{n}_1 \cdot \bar{\sigma}_2}{|\bar{n}_1| \cdot |\bar{\sigma}_2|} \\[2mm] \beta_3 = \arccos \dfrac{\bar{n}_1 \cdot \bar{\sigma}_3}{|\bar{n}_1| \cdot |\bar{\sigma}_3|} \end{cases} \tag{2-58}$$

由静力平衡条件，得到天然裂缝面在其与射孔交线上的位置所受法向正应力为

$$\sigma = \cos^2 \beta_1 \sigma_1 + \cos^2 \beta_2 \sigma_2 + \cos^2 \beta_3 \sigma_3 \tag{2-59}$$

通过上式可计算出天然裂缝正应力，再引入判定准则式(2-55)，即可判断是否沿天然裂缝张性起裂，具体的计算步骤如下。

①确定基本参数，包括地应力、井斜角、方位角、射孔方位、岩石力学参数、天然裂缝参数等。

②给定孔眼轴线与裂缝面的交点孔深 r_{p0} 和椭圆交线初始孔眼极角 θ_e，根据式(2-38)~式(2-44)、式(2-47)~式(2-49)计算天然裂缝与孔眼交线上每一点的坐标。

③对井筒内流体压力 p_w 赋值，使其等于孔隙压力，根据式(2-5)、式(2-17)、式(2-22)将地应力进行坐标变换，并求出交线上初始点的应力分布。

④根据式(2-56)~式(2-59)计算天然裂缝面所受的法向正应力，再根据式(2-55)判断是否沿天然裂缝张性起裂。

⑤如果不满足起裂条件，则增加 p_w 的值，重复步骤③~④，直到满足起裂条件。

⑥重复步骤②~⑤，计算天然裂缝与孔眼交线上每一点的张性破裂压力，取最小值为最终的沿天然裂缝张性起裂压力。

2.3 裂缝性气藏破裂压力计算分析

本节基于裂缝性储层走滑断层的地应力特征以及裂缝性储层岩石的弹性力学参数特征，选取如表 2-2 所示基本参数，并以 0°井斜角、射孔方位为最大水平主应力方向为计算基准，利用 MATLAB 软件编程计算分析了不同参数对破裂压力的影响。

表 2-2 破裂压力计算基本参数

参数	值	参数	值
最大水平主应力/MPa	90	内摩擦角/(°)	30
最小水平主应力/MPa	65	套管弹性模量/GPa	200
垂向应力/MPa	75	套管泊松比	0.25
岩石弹性模量/GPa	27	孔隙压力/MPa	50
岩石泊松比	0.25	有效应力系数	0.8
岩石抗张强度/MPa	5	孔隙度	0.07

2.3.1 从岩石本体起裂

1. 套管尺寸对破裂压力的影响

在不考虑套管抗压强度的情况下,计算使用不同尺寸的油层套管的破裂压力,如图 2-16 所示。从图中可以看出,套管的尺寸对破裂压力的影响较为明显,破裂压力随套管的外径增大而减小,随套管壁厚的增大而增大。当套管外径分别为 140mm 和 250mm、壁厚同为 10mm 时,破裂压力分别为 77.0MPa、70.4MPa;当套管外径为 180mm,壁厚从 5mm 增加到 15mm 时,破裂压力为 68.1～80.3MPa。即是说套管外径越大,内径与外径的差值越小,破裂压力越小。

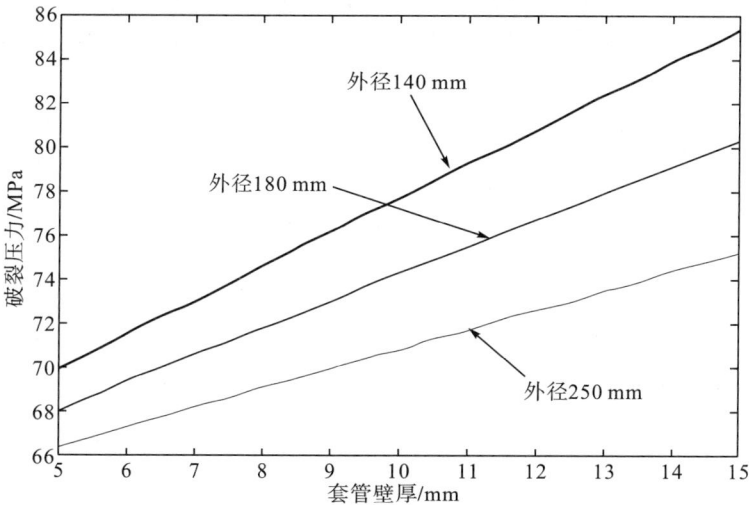

图 2-16 不同套管尺寸的破裂压力

2. 射孔方位对破裂压力的影响

图 2-17 表示井底流压 p_w 为 60MPa、孔深为 0m 时,射孔与最大水平主应力夹角分别为 0°、30°、60°、90°的情况下,孔眼壁面所受的最大拉应力(压力为正,拉力为负)。从图中可以看出,射孔方位为 0°、30°时,最大拉应力出现在孔眼周向角 $\varphi=90°$、$\varphi=270°$ 的位置,因此裂缝从孔眼上、下两个位置起裂;射孔方位为 90°时,最大拉应力出现在孔眼周向角 $\varphi=0°$、$\varphi=180°$ 的位置,因此裂缝从孔眼左、

右两个位置起裂。

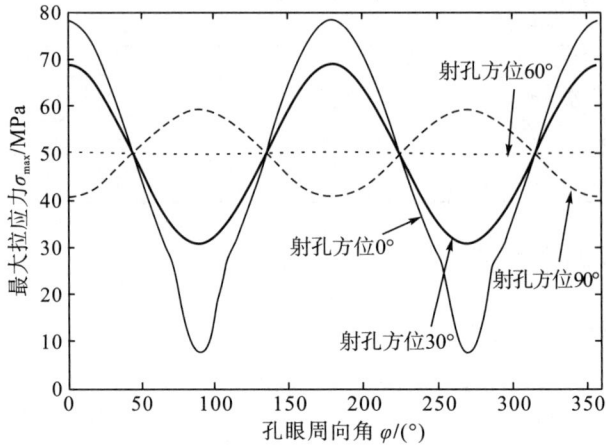

图 2-17　不同射孔方位下孔眼的最大拉应力

　　因为在井斜角为 0°的情况下，孔眼受力在 0°~360°的变化具有对称性，因此破裂压力的变化也具有对称性。从图 2-18 可以看出，在 $\theta=0°$ 和 $\theta=180°$ 的方位，即在最大水平主应力方向，破裂压力值最小，为 74.3MPa；在 $\theta=90°$ 和 $\theta=270°$ 的方位，即在最小水平主应力方向，具有最大破裂压力值 148.7MPa。因此，为了降低破裂压力，应朝最大水平主应力方向射孔。

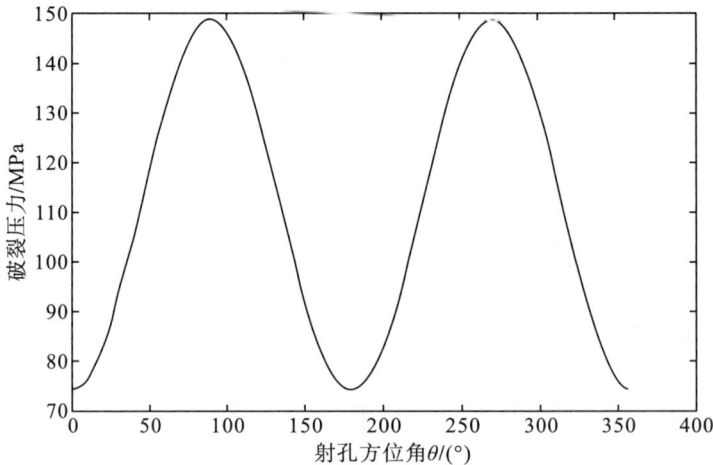

图 2-18　射孔方位角与破裂压力的关系

　　3. 井斜角、井筒方位角对破裂压力的影响

　　选取 0°、30°、60°、90°为井筒方位角，计算了井斜角为 10°~50°，射孔方位为最大水平主应力方向(实际上由于井斜角的存在，且孔眼垂直于井筒，因此孔眼轴线与最大主应力方向只是在同一平面内)的破裂压力，如图 2-19 所示。

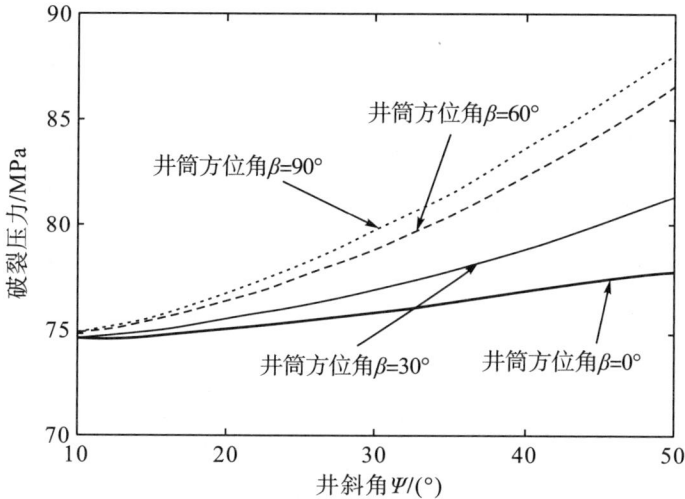

图 2-19 井斜角、方位角与破裂压力的关系

从图 2-19 可以看出，在不同井筒方位角的情况下，随井斜角的增大，破裂压力都呈增大的趋势，并且方位角越大，井斜角对破裂压力的影响越明显。在相同的井斜角情况下，方位角越大，破裂压力越大。当方位角 $\beta=0°$、井斜角 $\Psi=10°$ 时，破裂压力最小，为 74.5MPa；当方位角 $\beta=90°$、井斜角 $\Psi=50°$ 时，破裂压力最大，为 88.1MPa。

2.3.2 沿天然裂缝剪切起裂

考虑天然裂缝与孔眼相交的情况，计算其交线上每点的应力状态，判断天然裂缝是否剪切起裂，并分析沿天然裂缝剪切起裂的规律。其中，计算的射孔方位都为最大水平主应力方向。

1. 相交孔深对剪切破裂压力的影响

令天然裂缝面与孔眼轴线相交的孔深为 r_{p0}。图 2-20 给出了天然裂缝面与最大水平主应力方向夹角 θ_0 为 90°、天然裂缝倾角 ψ_0 为 45°的情况下，天然裂缝剪切破裂压力随孔深变化的规律。

从图中可以看出，剪切破裂压力随相交孔深的增加而增加，且影响显著。在孔深为 0~0.04m，天然裂缝剪切破裂压力小于岩石本体起裂压力 74.3MPa；在孔深超过 0.04m 后，剪切破裂压力大于岩石本体起裂压力。

图 2-21 给出了 $\theta_0=90°$、$\psi_0=30°$ 和 $\theta_0=60°$、$\psi_0=45°$ 两种情况下孔深对剪切破裂压力的影响关系，其变化规律与图 2-20 一致，因此天然裂缝与孔眼相交位置的孔深越小，天然裂缝越容易剪切破裂。基于这种情况，后续的计算都设定天然裂缝与孔眼相交位置的孔深为 0m。

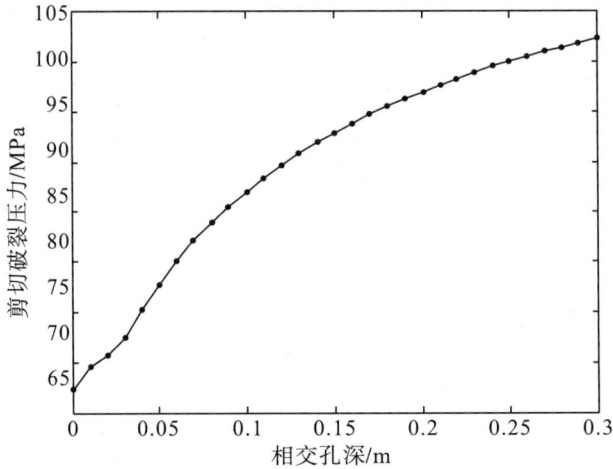

图 2-20　孔深与剪切破裂压力的关系（$\theta_0=90°$、$\psi_0=45°$）

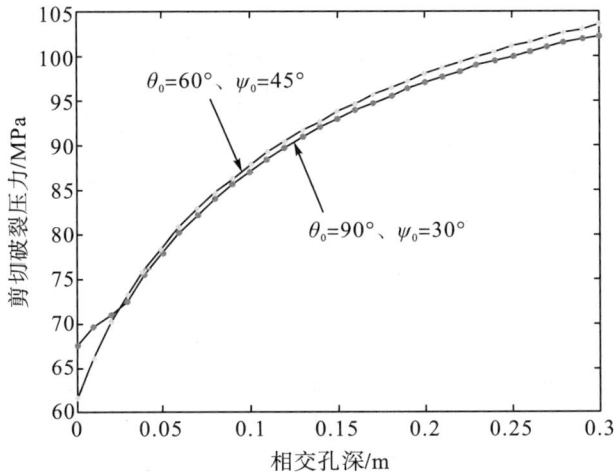

图 2-21　孔深与剪切破裂压力的关系（$\theta_0=90°$、$\psi_0=30°$ 和 $\theta_0=60°$、$\psi_0=45°$两种情况）

2. 天然裂缝黏聚力、内摩擦角对剪切破裂压力的影响

在 $\theta_0=90°$、$\psi_0=30°$的情况下，剪切破裂压力随天然裂缝黏聚力变化的规律如图 2-22 所示。剪切破裂压力随天然裂缝黏聚力的增大而增大，增大的幅度较小。在黏聚力从 0MPa 增大到 5MPa 时，破裂压力从 66.3MPa 增大到 68.15MPa，增大的幅度为 1.85MPa。

在 $\theta_0=90°$、$\psi_0=30°$的情况下，剪切破裂压力随天然裂缝内摩擦角 χ 变化的规律如图 2-23 所示。剪切破裂压力随天然裂缝内摩擦角的增大而增大，增大的幅度较大。内摩擦角为 10°时，破裂压力最小，为 50.1MPa；内摩擦角为 60°时，破裂压力最大，为 69.3MPa。剪切破裂压力在内摩擦角 10°～15°、15°～30°、30°～60°三个区间内的增大幅度呈减缓的趋势。

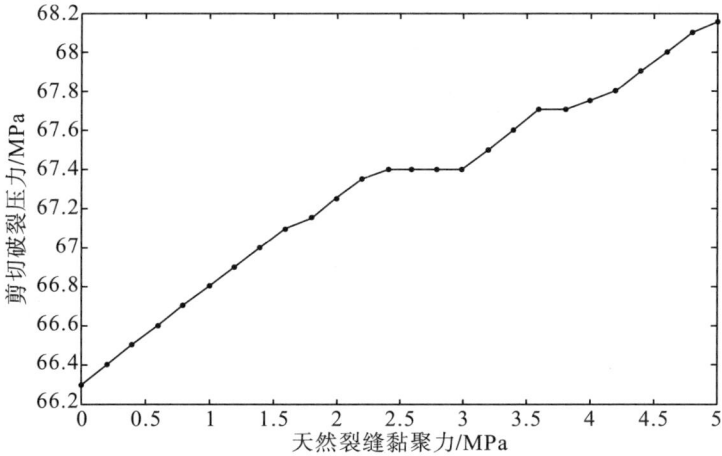

图 2-22　天然裂缝黏聚力与剪切破裂压力关系（$\theta_0=90°$、$\psi_0=30°$）

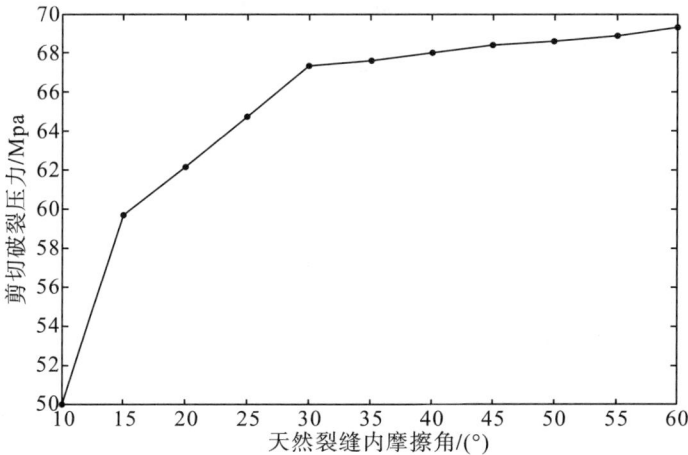

图 2-23　内摩擦角与剪切破裂压力关系（$\theta_0=90°$、$\psi_0=30°$）

3. 天然裂缝方位、倾角对剪切破裂压力的影响

图 2-24 所示曲线表示在天然裂缝方位与最大水平主应力方向夹角 θ_0 为 90° 的情况下，剪切破裂压力随天然裂缝倾角 ψ_0 变化的规律。剪切破裂压力随倾角的变化在 0°～20° 时先减小后增大，在 20°～70° 时减小，70° 以后增大，且在 85°～90° 时增加幅度较大。其中，破裂压力最小值为 $\psi_0=65°$ 对应的 60.7MPa，最大值为 $\psi_0=20°$ 对应的 69.7MPa。

图 2-25 所示曲线表示在天然裂缝倾角 ψ_0 为 30° 的情况下，剪切破裂压力随天然裂缝面与最大水平主应力方向夹角 θ_0 变化的规律。剪切破裂压力随天然裂缝方位的变化，呈先减小后增大的趋势。其中，破裂压力最小值为 $\theta_0=40°$ 对应的 63.8MPa，最大值为 $\theta_0=90°$ 对应的 67.3MPa。

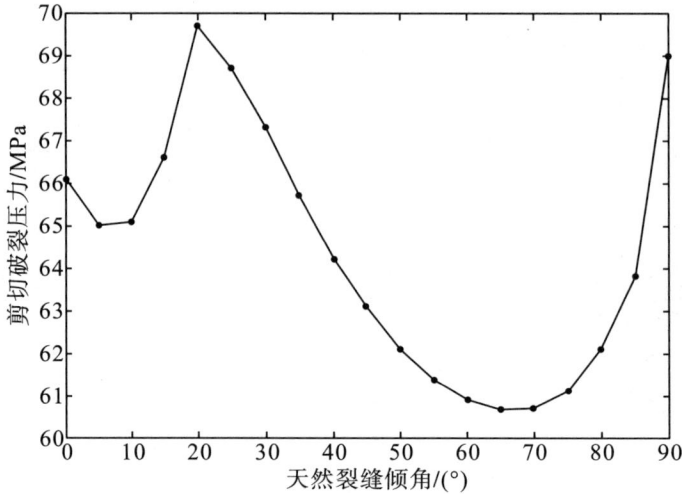

图 2-24   天然裂缝倾角与破裂压力的关系

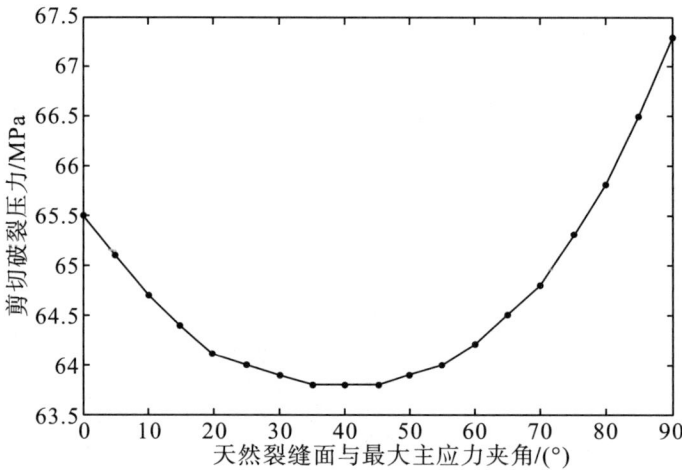

图 2-25   天然裂缝方位与破裂压力的关系

　　天然裂缝方位、倾角共同对剪切破裂压力的影响如图 2-26 所示。

　　从图中可以得出以下结论：①高角度天然裂缝的整体剪切破裂压力较低；②在不同的天然裂缝方位下，随倾角增大，破裂压力基本呈现减小—增大—减小—增大的趋势；③在倾角为 20°～40°时，天然裂缝方位变化对剪切破裂压力的影响较为明显，破裂压力呈现先减小后增大的趋势；④在天然裂缝方位为 90°时（即裂缝面与最大水平主应力方向垂直），天然裂缝方位对剪切破裂压力的影响最为明显，随倾角的增大，破裂压力曲线起伏最大。

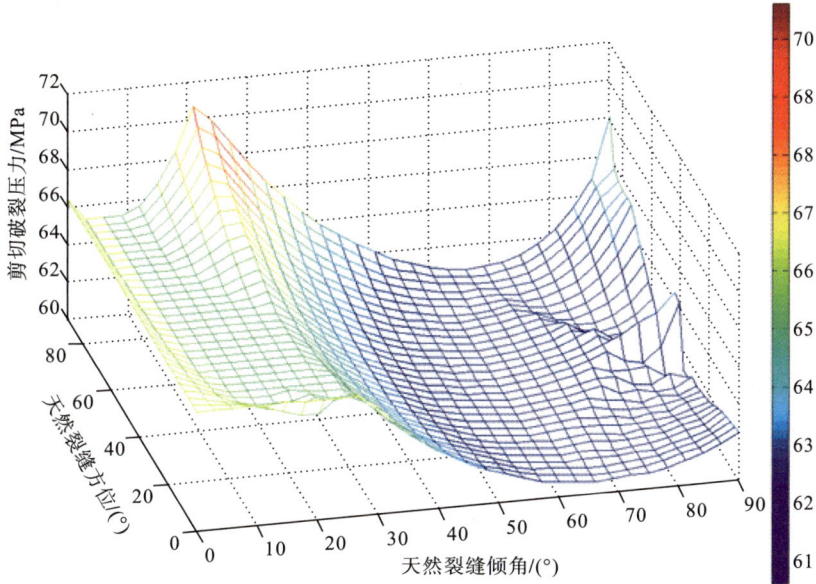

图 2-26　天然裂缝方位、倾角和破裂压力的关系

4. 井斜角对剪切破裂压力的影响

井斜角为 10°、20°、30°(井筒方位角为 0°)时的剪切破裂压力分别如图 2-27、图 2-28、图 2-29 所示。

从图中可以得出以下结论:①对比图 2-26,在井斜角较小(10°)时,剪切破裂的整体变化规律和直井基本相符;②当井斜角不为 0°时,低角度天然裂缝的破裂压力受其方位的影响很小;③井斜角为 20°、30°时,随天然裂缝倾角增大,破裂压力的变化趋势为先减小后增大然后再减小,最大剪切破裂压力出现在倾角为 0°时。

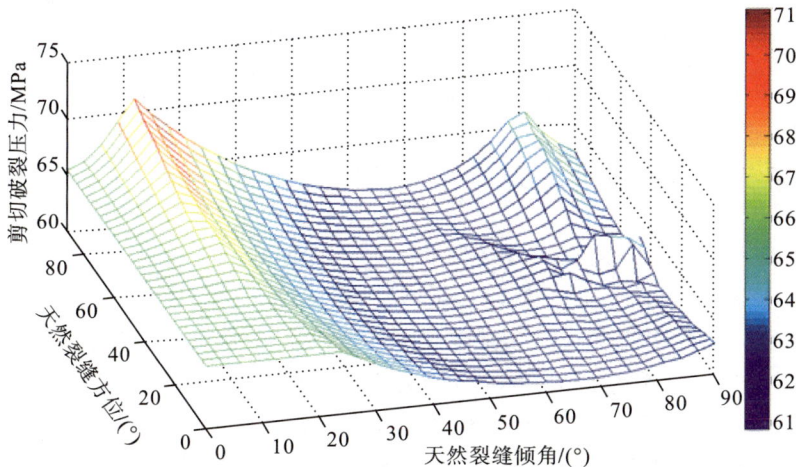

图 2-27　井斜角为 10°时的天然裂缝剪切破裂压力

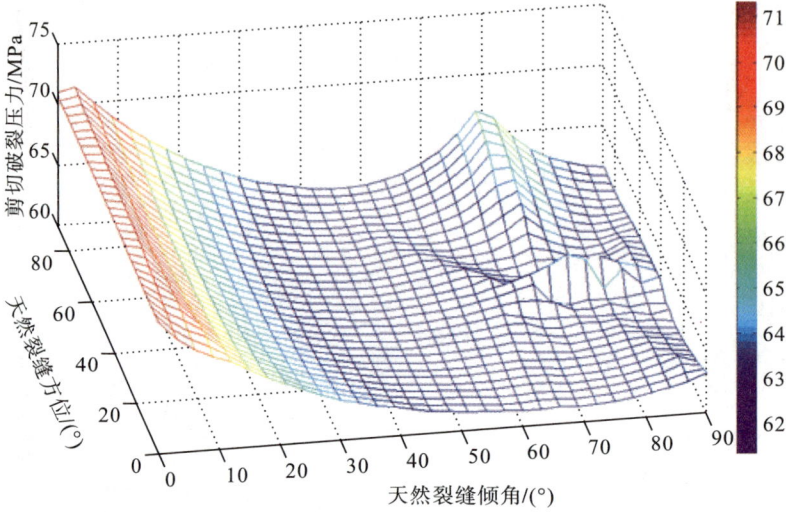

图 2-28　井斜角为 20°时的天然裂缝剪切破裂压力

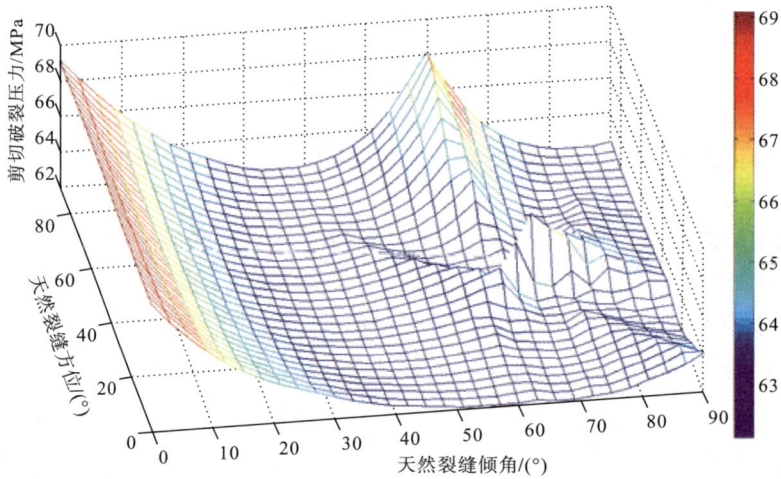

图 2-29　井斜角为 30°时的天然裂缝剪切破裂压力

2.3.3　沿天然裂缝张性起裂

1. 相交孔深对张性破裂压力的影响

分别选取($\theta_0=90°$、$\psi_0=30°$)、($\theta_0=45°$、$\psi_0=45°$)、($\theta_0=30°$、$\psi_0=60°$)三种情况绘制天然裂缝与孔眼相交孔深和张性破裂压力的关系曲线，如图 2-30 所示。

在($\theta_0=90°$、$\psi_0=30°$)、($\theta_0=45°$、$\psi_0=45°$)的情况下，天然裂缝张性破裂压力随孔深增大，呈现减小—增大—减小—增大的趋势，整体波动不大，为 67～73MPa；而在($\theta_0=30°$、$\psi_0=60°$)的情况下，破裂压力先增大后减小，最大值为孔深 0.06m 对应的72.4MPa，最小值为孔深 0.5m 对应的 48.4MPa。因此后续的计算中都取孔深为 0.15m。

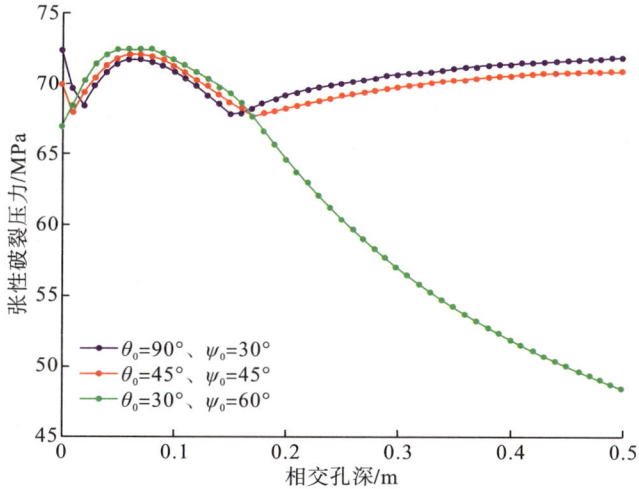

图 2-30　孔深与张性破裂压力的关系

2. 天然裂缝方位与倾角对张性破裂压力的影响

选取井斜角 Ψ=0°，射孔方位 θ=0°，孔深为 0.15m，计算不同天然裂缝方位与倾角对张性破裂压力的影响规律，如图 2-31 所示。

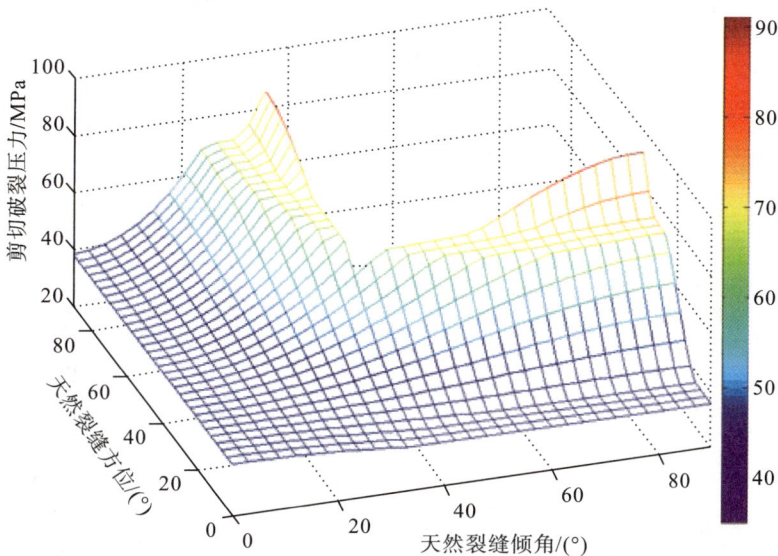

图 2-31　天然裂缝方位、倾角和张性破裂压力的关系

从图中可以得出以下结论：①在低方位或低倾角情况下，张性破裂压力最低，为 37~40MPa；②在给定天然裂缝倾角情况下，随天然裂缝方位的增大，张性破裂增大，且增长幅度较大，最大达到 86.8MPa；③在给定天然裂缝方位的情况下，随天然裂缝倾角的增大，张性破裂增大，且增长幅度较大，最大达到 87.6MPa；④在高倾角、高方位情况下，天然裂缝不发生张性破裂。

3. 井斜角对张性破裂压力的影响

井斜角为 10°、30°(井筒方位角为 0°)时的张性破裂压力分别如图 2-32 和图 2-33 所示。

从图中可以得出以下结论:①对比图 2-31,在井斜角较小(10°)时,张性破裂的整体变化规律和直井基本相符,但整体破裂压力比前者大;②当井斜角增大到30°时,张性破裂压力变化规律发生明显变化,低倾角、低方位天然裂缝的破裂压力明显增大,高倾角、低方位天然裂缝的破裂压力仍较低;③井斜角为 30°时,不发生张性破裂的区域明显增大,涵盖倾角 10°~90°、方位为 40°~90°的区域。

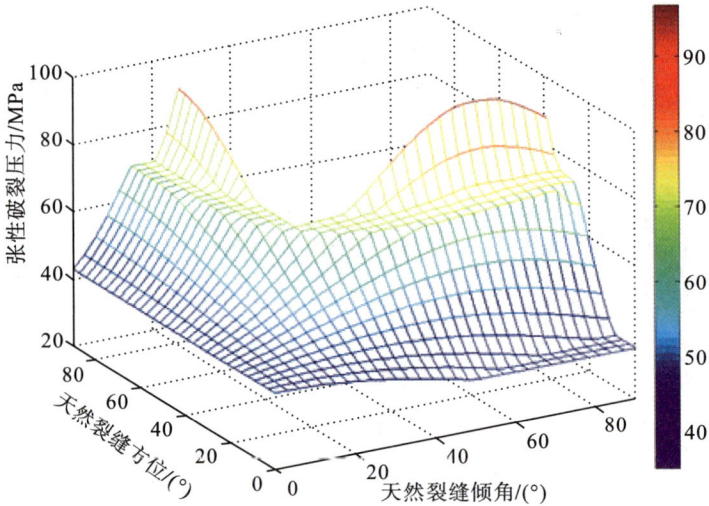

图 2-32　井斜角为 10°时的天然裂缝张性破裂压力

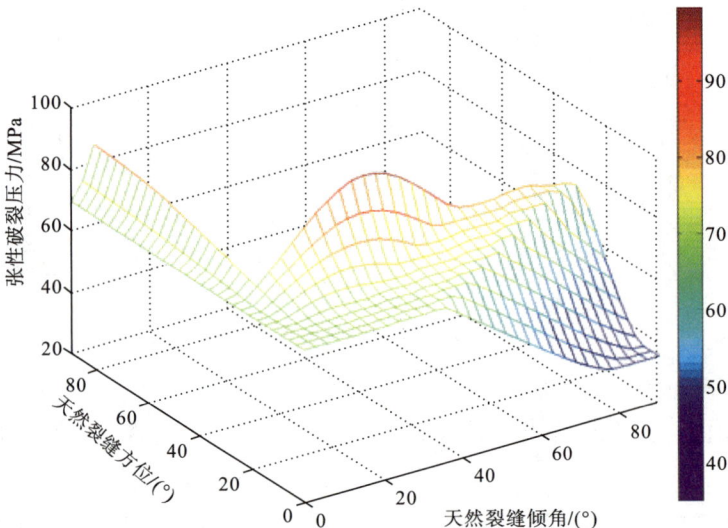

图 2-33　井斜角为 30°时的天然裂缝张性破裂压力

第3章 裂缝性砂砾岩储层压裂液
滤失数值模拟

3.1 裂缝性砂砾岩滤失的有限元模型

如前所述，砾石与天然裂缝是影响砂砾岩地层滤失的两大主要因素。本书前面内容给出的解析方法可以评价砾石含量和大小对滤失的影响，但不能衡量砾石形状、排列方式对滤失的影响；可以评价裂缝系统渗透率对滤失的影响，但不能评价天然裂缝不同形态对滤失的影响。考虑上述因素后滤失区域非均质性十分明显，解析方法难以求解，因此本书采用数值方法来实现问题的研究。

砂砾岩介质非均质性强，基质具有一般的渗透性，砾石几乎不具有渗透性，而天然裂缝又具有很强的渗透性。本节的研究对象是介质的不均匀性对滤失的影响，以及由介质不同部位渗透性的变化引起滤失速度发生变化的规律。研究中设定砾石渗透率为 0，并引入渗透率张量以研究滤失在含裂缝介质中体现出来的方向性。一般来说，渗透率在不同区域突变的渗流方程难以求得解析解，所以本节选择有限元方法求数值解。

裂缝渗透性与裂缝的方向有关，即使是同一条裂缝，当其与压力梯度方向不一致时，其表现出来的渗透性也是有很大差距的。因此，本书使用渗透率张量来表示裂缝的渗透率。裂缝渗透率张量包含渗透率大小、压力梯度方向和裂缝方向三个信息，能表明裂缝在不同方向下的渗流能力。

由流体力学理论可知，通过间距为 b 的两个单位高度的平行板间的流体平均流量与压力梯度的关系为[60]

$$Q = -\frac{b^3}{12\mu}\frac{\mathrm{d}p}{\mathrm{d}l} \tag{3-1}$$

式中，Q——流量，cm^3/s；

$\quad\quad b$——平板间距，cm；

$\quad\quad \mu$——流体黏度，cp；

$\quad\quad p$——压力，atm；

$\quad\quad l$——长度，cm。

达西定律中流量与压力梯度的关系可表示为

$$Q = -\frac{kA}{\mu}\frac{\mathrm{d}p}{\mathrm{d}l} \tag{3-2}$$

式中，k——渗透率，D；

A——横截面积，cm^2。

结合式(3-1)和式(3-2)，可得沿平行板方向的等效渗透率为

$$k_{xx}^0 = \frac{b^2}{12} \tag{3-3}$$

由于裂缝一般很窄，垂直于裂缝方向上的流动范围十分有限。基质渗透性决定了裂缝中垂直于壁面的渗流，因此可以认为垂直于壁面方向的等效渗透率就是基质渗透率，即有

$$k_{yy}^0 = k_m \tag{3-4}$$

渗透率是一个二阶张量，二维情形下共有四个分量，以矩阵的形式表示为

$$\boldsymbol{K} = \begin{bmatrix} k_{xx} & k_{xy} \\ k_{yx} & k_{yy} \end{bmatrix} \tag{3-5}$$

当裂缝方向与压力梯度方向一致时，渗透率张量矩阵除了主对角线上的元素之外都为零，即有

$$\boldsymbol{K}(0) = \begin{bmatrix} k_{xx}^0 & 0 \\ 0 & k_{yy}^0 \end{bmatrix} = \begin{bmatrix} \dfrac{b^2}{12} & 0 \\ 0 & k_m \end{bmatrix} \tag{3-6}$$

渗流速度按坐标分解后的分量只与对应方向上的等效渗透率和压力梯度相关，而与另一方向上的等效渗透率和压力梯度无关，即有

$$v_x = -\frac{k_{xx}^0}{\mu}\frac{\partial p}{\partial x} \tag{3-7}$$

$$v_y = -\frac{k_{yy}^0}{\mu}\frac{\partial p}{\partial y} \tag{3-8}$$

当裂缝方向与压力梯度方向之间的角度为 θ 时，渗透率张量可表示为

$$\boldsymbol{K}(\theta) = \begin{bmatrix} k_{xx}^\theta & k_{xy}^\theta \\ k_{yx}^\theta & k_{yy}^\theta \end{bmatrix} = \begin{bmatrix} k_{xx}^0\cos^2\theta + k_{yy}^0\sin^2\theta & \left(k_{xx}^0 - k_{yy}^0\right)\sin\theta\cos\theta \\ \left(k_{xx}^0 - k_{yy}^0\right)\sin\theta\cos\theta & k_{xx}^0\sin^2\theta + k_{yy}^0\cos^2\theta \end{bmatrix} \tag{3-9}$$

由上式可见，$k_{xy}=k_{yx}$。

渗流方向与压力梯度方向不一致时，渗流速度仍然按坐标轴分解为 v_x 和 v_y，渗流速度分量不仅与该方向上的压力梯度相关，还与垂向上的压力梯度相关，即有

$$
\begin{bmatrix} v_x \\ v_y \end{bmatrix} = -\frac{1}{\mu} \begin{bmatrix} k_{xx}^{\theta} & k_{xy}^{\theta} \\ k_{yx}^{\theta} & k_{yy}^{\theta} \end{bmatrix} \begin{bmatrix} \dfrac{\partial p}{\partial x} \\ \dfrac{\partial p}{\partial y} \end{bmatrix} \tag{3-10}
$$

那么二维的滤失方程可以表示为

$$
\frac{\partial}{\partial x}\left(\frac{k_{xx}}{\mu}\frac{\partial p}{\partial x} + \frac{k_{xy}}{\mu}\frac{\partial p}{\partial y} \right) + \frac{\partial}{\partial y}\left(\frac{k_{yx}}{\mu}\frac{\partial p}{\partial x} + \frac{k_{yy}}{\mu}\frac{\partial p}{\partial y} \right) - C\frac{\partial p}{\partial t} = 0 \tag{3-11}
$$

将上式表示为有限元的基本方程：

$$
\int_{\Omega} -C\frac{\partial p}{\partial t}W(x,y) - \left(\frac{k_{xx}}{\mu}\frac{\partial p}{\partial x} + \frac{k_{xy}}{\mu}\frac{\partial p}{\partial y} \right)\frac{\partial W(x,y)}{\partial x} - \left(\frac{k_{yx}}{\mu}\frac{\partial p}{\partial x} + \frac{k_{yy}}{\mu}\frac{\partial p}{\partial y} \right)\frac{\partial W(x,y)}{\partial y}\, \mathrm{d}\Omega = 0
$$

$$
\tag{3-12}
$$

式中，C——综合压缩系数，MPa^{-1}；

　　　　P——压力，MPa；

　　　　t——滤失时间，s；

　　　　$W(x, y)$——插值函数。

　　此有限元模型与某软件的渗流模块基础方程是完全一致的，因此可直接在软件中建立几何模型后划分网格求解，建立等参单元、划分网格等均可自动完成，不必编程求解有限元方程。

　　如图 3-1 所示，压裂液从左至右滤失，左边的水力裂缝内压力为 23MPa，右边的油气藏边界压力为 20MPa，在渗流区域内存在一个圆形和一个正方形的砾石以及一条高渗透裂缝。为研究同一滤失区域中砾石与天然裂缝对滤失的影响，就要求某时刻某点的压力。由此可知，求得解析解无疑是一件非常困难的事情，而数值解却可以借助计算机方便求得。

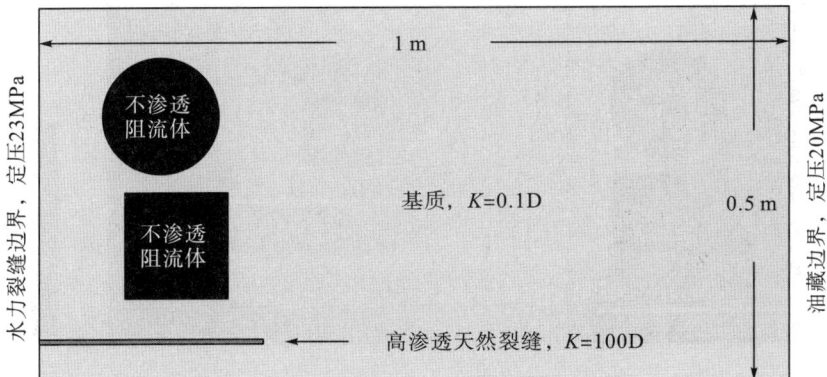

图 3-1　有限元分析的几何模型和边界条件

　　将整个区域离散为三角形单元，如图 3-2 所示。不渗透阻流体被"挖掉"，不参与滤失过程，符合砾石不渗透的设定。裂缝区域附近单元被加密以更准确计算该区域的压力分布。

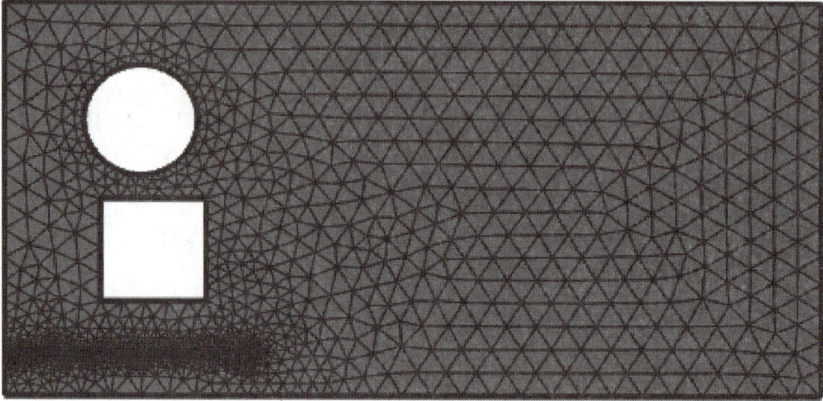

图 3-2　有限元分析的单元

　　得到滤失稳定后的压力分布云图如图 3-3 所示，可见非均质体明显影响了其附近的压力分布，而对远场区域影响较小。高渗透裂缝附近的压力推进程度很高，而砾石附近压力推进程度较低。图 3-4 中给出了滤失 150s、600s、1500s 和 3000s 时压力记录线上的压力值，压力记录线上 0.05m 处存在压力尖峰，而在 0.3～0.4m 时存在压力凹陷。压力尖峰处对应着高渗透裂缝所影响的点，而压力凹陷处对应着砾石后面的点。可见高渗透裂缝上的压力传播十分迅速，甚至在 150s 之前，高渗透裂缝上的压力就已经达到很高的值，而其他区域则要慢得多。砾石对压力分布的影响也十分明显，尤其是当压力传播至附近时，其后面的区域压力的增加速度明显慢于其他不受阻挡的地方。

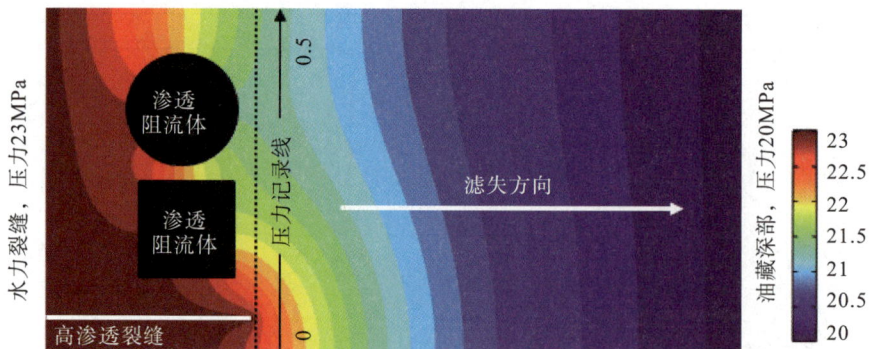

图 3-3　砾石与天然裂缝对压力传播的影响（单位：MPa）

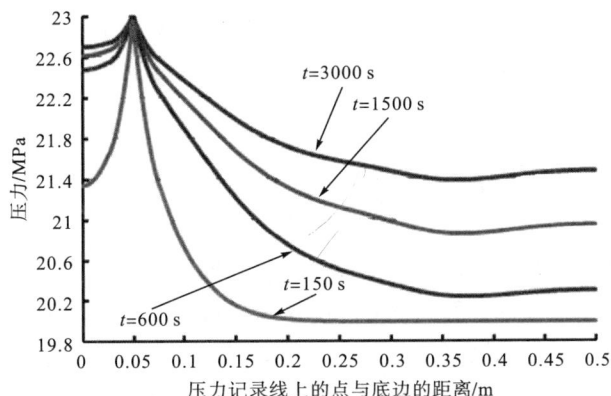

图 3-4　使用有限元方法求得的压力记录线上的压力分布

本书使用同样方法分别研究了砾石大小、含量、形状、排列和天然裂缝方向、密度、长度、宽度、位置、连通性以及砾缘缝对滤失的影响。

3.2　砾石对压裂液滤失的影响

3.2.1　砾石大小和含量的影响

本节对比研究了砾石含量为 11.05% 和 55.26% 时对滤失的影响，同时对比研究了砾石含量为 24.12%、24.87%，而粒径分别为 4 cm、6 cm 时对滤失的影响。使用的基质渗透率、压差、滤失时间等条件均与前述内容相同。数值模拟求解得到水力裂缝壁面上平均滤失速度随时间的变化关系如图 3-5 所示。图 3-5(a) 所示为在相同砾石粒径条件下，两种砾石含量对滤失速度影响的对比，图 3-5(b) 所示为相同砾石含量、不同砾石粒径对滤失速度影响的对比。由图可见，砾石含量的增加使得水力裂缝壁面上的滤失速度显著降低，而相同砾石含量下砾石粒径对压裂液滤失速度影响十分微弱。

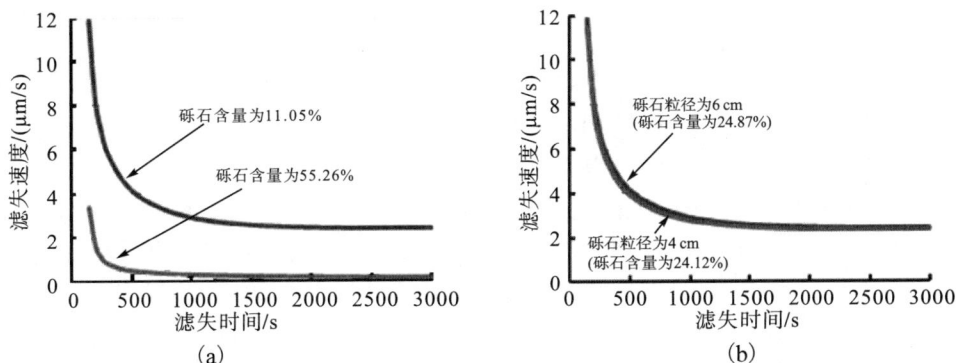

(a)

(b)

图 3-5　不同砾石含量和粒径影响下的压裂液滤失速度的数值解

数值解与前文解析解结论较一致：砾石含量对滤失速度影响较大，而相同砾石含量下砾石粒径对滤失速度影响非常小。主要原因还是占岩石小部分的砾石对整个岩石的总体比面影响很小，对渗透率的影响也很小。

3.2.2　砾石排列的影响

对于某些地层(如河道砂体)，砾石排列出现较强的方向性也是有可能的。砾石排列的方向性对滤失也存在一定的影响。本书研究了如图 3-6 所示的两种排列情形：图 3-6(a)所示为椭圆形砾石的长轴垂直于滤失方向，图 3-6(b)所示为椭圆形砾石的长轴平行于滤失方向。两种情形中的砾石大小、含量、基质物性、液体物性、压差等参数均一样。显然，图 3-6(a)中的砾石更多地"阻挡"了压裂液滤失的路径。

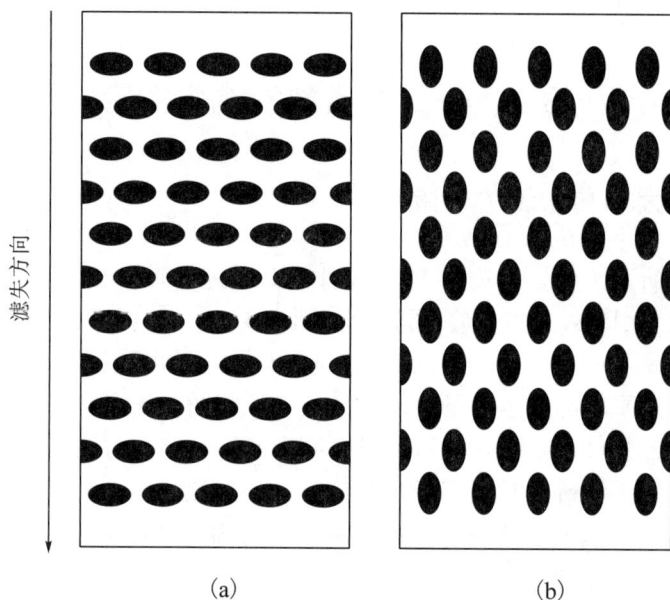

(a)　　　　　　　　　　　　(b)

图 3-6　垂直于滤失方向和平行于滤失方向排列的砾石

解析解难以求得大量椭圆砾石对压裂液的阻扰问题，但是又具有较现实的意义，数值解的优势在这里便体现出来。数值解除了能研究介质的不均质性外，还能研究流体的不均质性，具有很强的实用性。

数值模拟得到水力裂缝壁面上平均速度随时间变化的关系曲线如图 3-7 所示。由结果可见，砾石的排列方向影响了滤失，砾石垂直于渗流方向排列时的平均滤失速度小于砾石平行时的滤失速度，尤其是在滤失中后期两者相差更大。但滤失初期两者差别不大，因为初期压力传播不够远，远场区域的砾石未能影响到压力传播，所以影响到压裂液滤失的砾石数量有限。由此可以理解，只有长宽比较大的砾石才能表现出排列方向的影响，而且长宽比越大的砾石的排列方向对滤失速度的影响也越大。

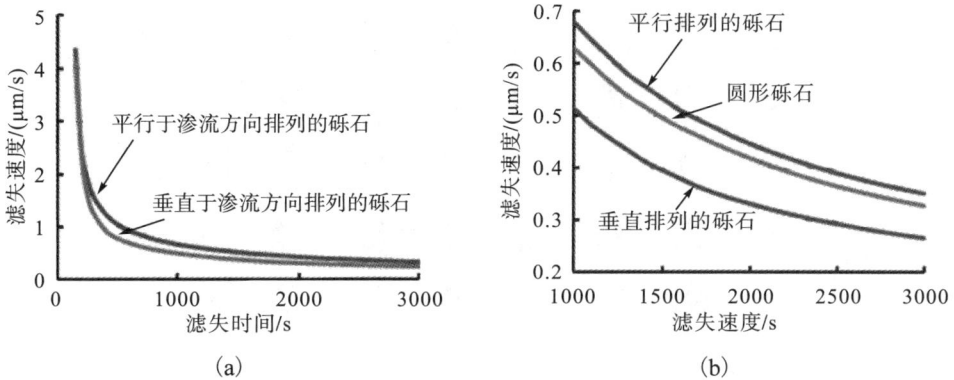

图 3-7 砾石排列方式对滤失的影响的数值模拟结果

本书还对比分析了相同含量下圆形砾石的滤失曲线(椭圆形砾石长轴为 4cm，短轴为 2cm，圆形砾石半径为 2.83cm，两种形状的砾石面积是一样的，因此它们的含量也是一样的)。为便于观察，圆形砾石影响下的滤失速度和两种排列方式影响下的滤失速度的对比仅截取了 1000～3000s 的片段，如图 3-7(b) 所示。可见在圆形砾石影响下的滤失速度介于二者之间。这说明砾石排列方式对滤失速度的影响取决于垂直于渗流方向上砾石截面的大小，证实了长宽比较大的砾石的排列方向对滤失速度的影响较大。当砾石长宽比较小或者砾石排列的方向性不强时，可以忽略砾石排列方向的影响。

3.2.3 砾石形状的影响

如图 3-8 所示，本书研究了三种形状的砾石对滤失的影响，即正方形、矩形、三角形。这三种砾石分别抽象地表示长宽比较小的砾石、长宽比较大的砾石、长宽比较为适中的砾石。正方形砾石的边长为 4 cm，矩形砾石的短边长为 2 cm，长边长为 8 cm，三角形砾石的边长为 5.66 cm。三种形状砾石的面积是一样的，滤失区域也是一样大的，所以三种情况下的砾石含量是相等，由此排除了砾石含量差异对滤失速度的影响，体现了对比性质的唯一性。由数值模拟得到的裂缝壁面上滤失速度随时间的变化关系如图 3-9 所示。上述三种情形下的滤失速度曲线体现了一致的衰减特点，且交织在一起，可见砾石形状对滤失速度的影响并不明显，滤失曲线上微小的差异或是由于相同时刻下三种情况的渗流阻力面的大小不一致而引起的。

图 3-8　相同砾石含量下不同的砾石形状

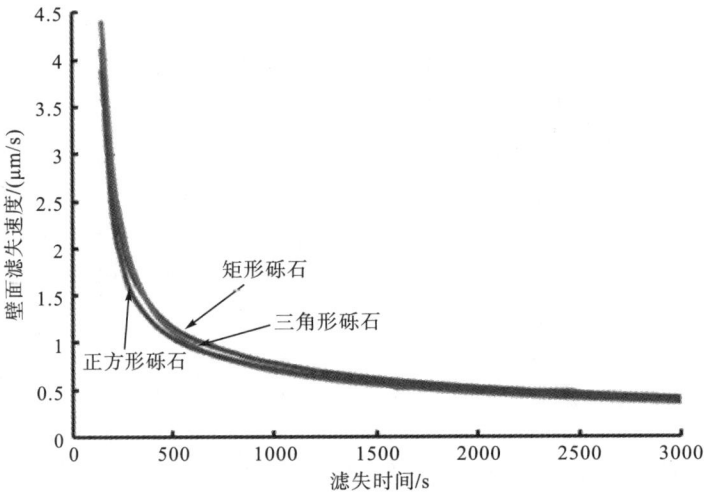

图 3-9　不同砾石形状对压裂液滤失速度影响的数值模拟结果

地层中的砾石形态十分复杂，但只要粒径相差不大，对滤失速度的影响也不大。但根据前面的研究结果可知，砾石排列对滤失速度有一定影响。由此可知，当砾石长宽比较大时，砾石形状差异的影响会表现出来。但本质上这并不是砾石形状的影响，而是砾石因排列不同带来的滤失速度差异表现为砾石形状差异的影响。

3.3　天然裂缝对压裂液滤失的影响

天然裂缝一般具有极强的渗透性，对滤失有更加显著的影响。由渗透率张量可知，裂缝与压力梯度的角度对裂缝渗透能力具有十分大的影响，另外裂缝密度、裂缝宽度、裂缝长度、裂缝位置和裂缝连通性等对滤失均有影响。本节内容中，水力裂缝内压力均为 23MPa，地层压力均为 20MPa，裂缝渗透率为基质渗透率的1000 倍，滤失时间均为 50 min。

3.3.1　天然裂缝方向的影响

本节模拟了在三个不同方向裂缝影响下的滤失情况，如图 3-10 所示，裂缝方向与压力梯度方向夹角分别为 0°、90° 和 45°。由此得到的裂缝壁面平均滤失速度随时间的变化关系如图 3-11(a) 所示，裂缝方向对裂缝的滤失能力有极其重要的影响：垂直于压力梯度方向的裂缝的滤失能力远低于平行于压力梯度方向的裂缝，其余角度裂缝滤失能力介于二者之间。图 3-11(b) 所示为垂直于压力梯度方向的裂缝在介质中的滤失速度和无介质中的滤失速度之差，可见二者差距非常小，说明单纯垂直于压力梯度方向的裂缝对滤失速度几乎没有影响。据此可以认为，油气藏中顺着压力梯度方向(垂直于水力裂缝方向)的裂缝条数越多，滤失也越快。

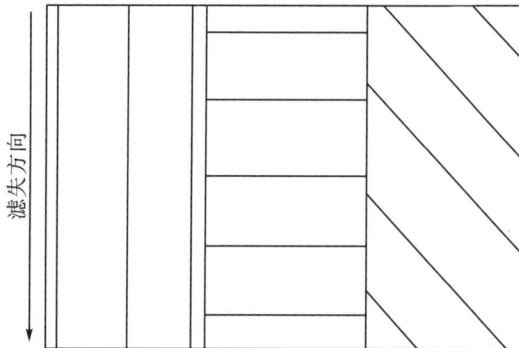

图 3-10　三种不同裂缝方向

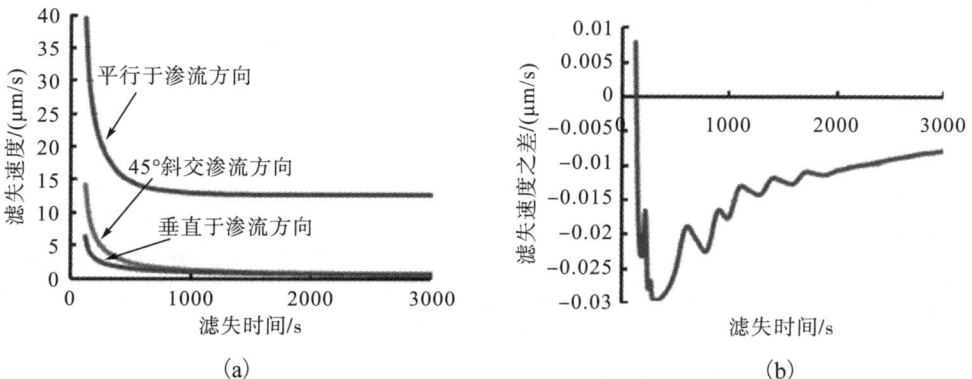

(a)

(b)

图 3-11　不同裂缝方向对滤失速度影响的数值模拟结果

3.3.2 天然裂缝密度的影响

本节模拟了两种不同密度天然裂缝网络的滤失情形，如图 3-12 所示。图 3-12(a)中裂缝密度为 6 条/m，图 3-12(b)中裂缝密度为 11 条/m，约为前者的两倍。裂缝壁面滤失速度随时间变化关系如图 3-13(a)所示。因此可见当天然裂缝密度增加时，水力裂缝壁面滤失速度也相应增加，越接近滤失后期，高密度天然裂缝的滤失速度越大于低密度裂缝。图 3-13(a)还给出了裂缝密度为 0 时的滤失速度曲线。该情形下的滤失速度明显小于存在裂缝网络时的滤失速度，再次证明了天然裂缝是砂砾岩储层的滤失控制因素。由此可得出结论：裂缝越密集，岩石的导流能力越强，油气藏岩石裂缝越发育，压裂液滤失速度也越快。

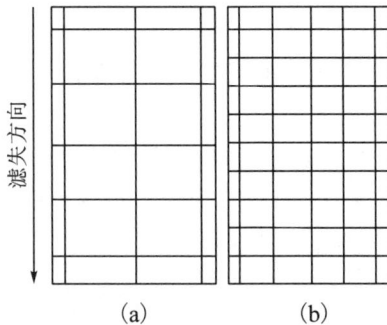

图 3-12   不同的裂缝密度

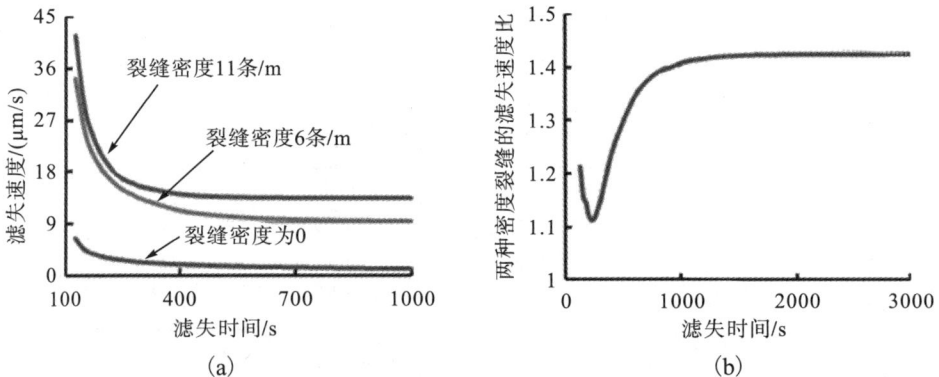

图 3-13   不同裂缝密度对滤失速度影响的数值模拟结果

图 3-13(b)所示为两种密度裂缝网络的滤失速度之比随时间的变化关系。滤失初期，两种情况下参与滤失的裂缝都比较少，所以高密度裂缝影响下的滤失速度并不会比低密度裂缝影响下的滤失速度高太多。随着滤失的进行，越来越多的裂缝参与到滤失中来，两种情形下的滤失速度差异逐渐增大，最后滤失进入稳定状态，两种滤失速度都不再变化，滤失速度的比值也稳定下来。由于垂直于压力梯度方向的裂缝对滤失影响很小，平行于压力梯度方向的裂缝对滤失影响很大，

可认为裂缝密度为 6 条/m 的裂缝网络中起主要作用的是 3 条平行于滤失方向的裂缝,裂缝密度为 11 条/m 的裂缝网络中起主要作用的是 5 条平行于滤失方向的裂缝。两种情况裂缝密度比值为 1.83,主要裂缝数量比值为 1.67,而稳定的滤失速度比值约为 1.43,由此说明裂缝密度或主要裂缝数量与滤失速度之间不是简单的一一对应关系。

3.3.3 天然裂缝宽度的影响

本节研究了宽度分别为 5mm、3mm、1mm 的天然裂缝对滤失的影响,数值模拟的结果如图 3-14(a)所示。由此可见裂缝的宽度对滤失影响很大,裂缝宽度增加时滤失速度明显增加。由平行板等效渗透率的公式也可知,裂缝渗透性与裂缝宽度的平方成正比,如图 3-14(b)所示。油气藏中裂缝宽度较大时,工作液滤失量会很大。

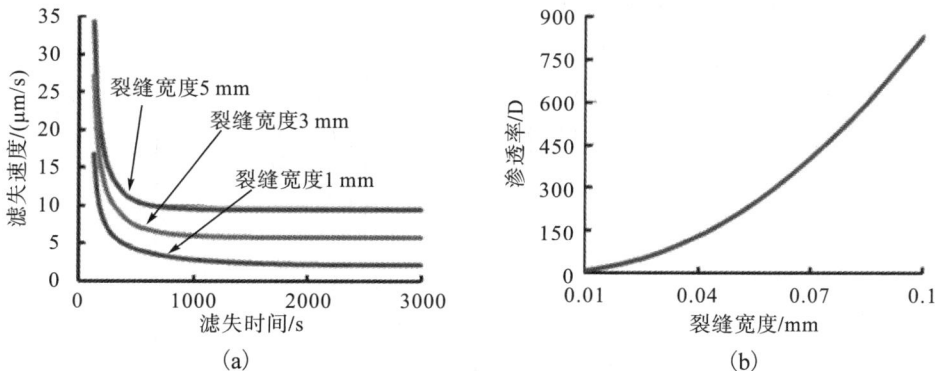

图 3-14 不同裂缝宽度影响下的滤失速度数值模拟结果

值得一提的是,因为平行板间的流动速度公式假设流动为层流,所以只有理想状态下裂缝宽度才与渗透率的平方成正比。当板间距离较大时或压差较大时,流体必然不是层流状态,而是存在动能损失的紊流,也就是说板间通过流体的能力小于理想状态的预期。裂缝宽度较大时,流过其间的流体存在动能损失,裂缝渗透率不再与裂缝宽度成正比。

3.3.4 天然裂缝长度的影响

本节研究了长度分别为 0.3m、0.5m 和 0.7m 的天然裂缝对滤失速度的影响,如图 3-15 所示。仅仅是天然裂缝的长度存在差异,其余条件如压差、渗透率、工作液性质、裂缝方向等均一致。由此得到的裂缝壁面滤失速度随时间变化关系如图 3-16(a)所示,可见裂缝长度对滤失速度存在一定影响。裂缝较长时滤失速度衰减较慢,裂缝较短时滤失速度衰减较快,滤失一段时间后上述三种情况下的滤失速度基本达到一个相同的值。在滤失初期，三种情况下的压力均在裂缝范围内传播，所以滤失速度均较高且较一致。一段时间后，压力传播超出了图 3-16(a)中最短裂缝的范围，但还在余下裂缝范围之内，所以图 3-16(a)对应的滤失速度明显较另外两种情况下的滤失速度要低。再过一段时间，压力传播已经超过图 3-16(a)中裂缝长度为 0.5m 的范围，但还在余下裂缝长度范围内，所以图 3-16(a)对应的滤失速度在前二者滤失速度都衰减时还能保持较高的值。最后，压裂传播超过最长裂缝的范围，进入纯基质中，所有滤失速度都开始慢慢衰减，随着时间增加，压力逐渐传播至油气藏深部或边界，滤失呈现出稳态的特征，三种情况下的滤失速度均减小至一个比较接近的值。

图 3-16(b)更直接地给出了裂缝长度和滤失速度之间的关系。在滤失初期 ($t=150s$)，裂缝长度为 0.5m 和 0.7m 对应的滤失速度相差很小，说明压力传播还在 0.5m 前、$t=300$ 秒时，滤失速度与裂缝长度几乎呈线性关系；在滤失后期，($t>1000s$)，裂缝长度对滤失速度的影响非常小，说明此时压力传播已超出裂缝控制范围，滤失已经进入稳定状态。

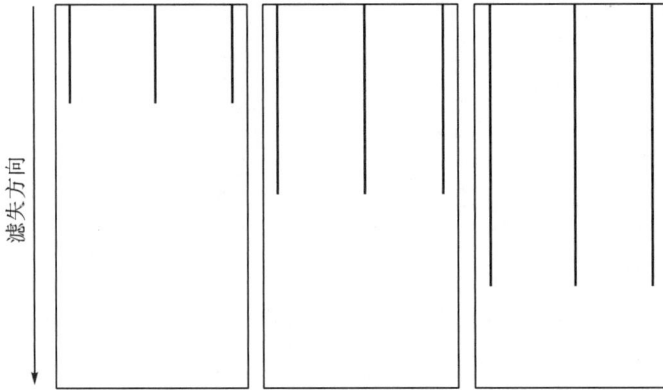

图 3-15 不同裂缝长度

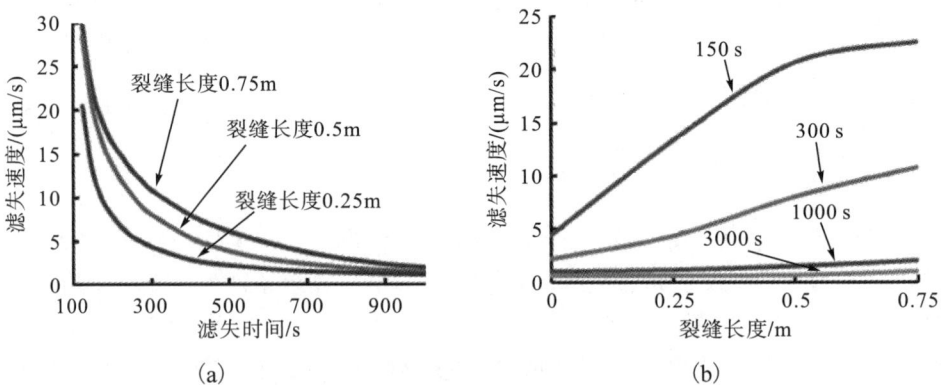

(a)   (b)

图 3-16　不同裂缝长度对滤失速度影响的数值模拟结果

3.3.5　天然裂缝位置的影响

如图 3-17 所示，本节研究了裂缝网络的三种位置对滤失速度的影响：紧挨着水力裂缝（图 3-17(a)）、离水力裂缝 0.05m（图 3-17(b)）、离水力裂缝 0.1m（图 3-17(c)）。上述三种情况下的裂缝密度、裂缝性质都是一样的，仅仅是与水力裂缝距离不一致。

得到的裂缝壁面上平均滤失速度与时间的变化关系如图 3-18 所示。由此可见裂缝位置对滤失速度的影响非常大，尤其是在滤失初期（图 3-18(a)），较近的裂缝网络对应的滤失速度远大于较远的裂缝网络对应的滤失速度。随着时间的增加，压力逐渐传播至远处，远处的裂缝网络参与至滤失中来，较远裂缝网络对应的滤失速度渐渐超过较近裂缝网络对应的滤失速度（图 3-18(b)）。值得一提的是，虽然滤失后期裂缝位置对滤失速度的相对值影响较大，但后期的滤失速度都较小，因此对绝对的滤失速度差值影响不大。

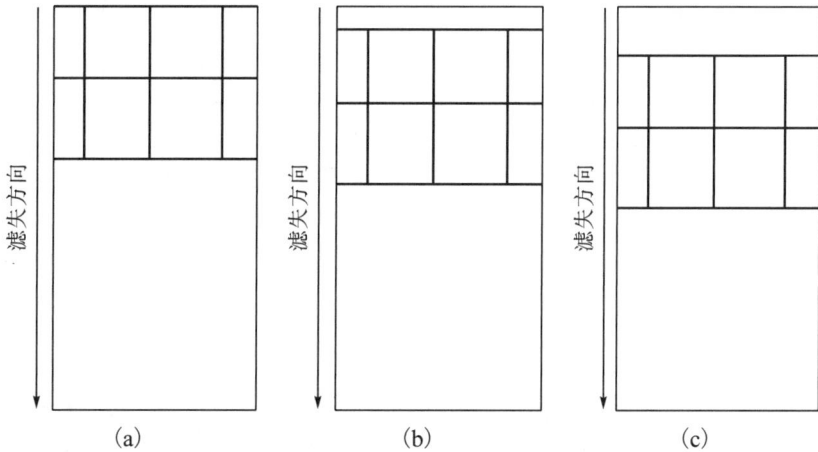

图 3-17　不同裂缝位置

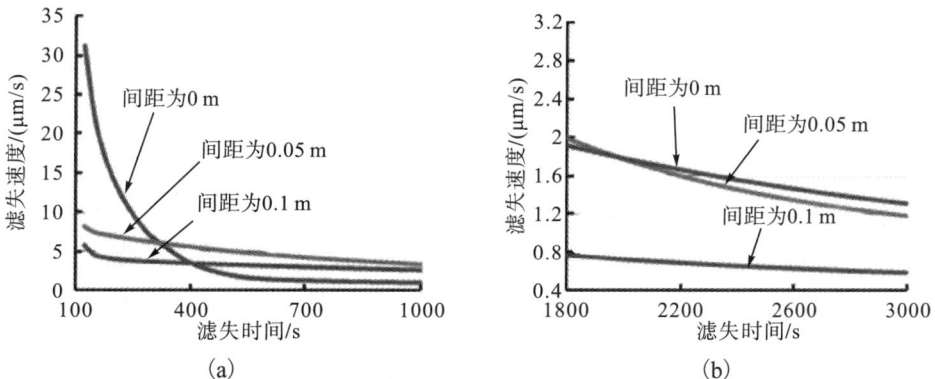

图 3-18　裂缝网络位置对压裂液滤失速度影响的数值模拟结果

3.3.6　天然裂缝连通性的影响

　　裂缝连通性是需要考虑的一大重要因素。本节考虑的滤失情形如图 3-19 所示，图 3-19(a)是完全不相连的两组裂缝，图 3-19(b)比其多加入一条横向裂缝，图 3-19(c)比其多加入三条横向裂缝，成为了连通性极好的裂缝网络。由前述结论可知，单独的横向裂缝对滤失速度的影响非常小，因此这里加入横向裂缝以评价连通性对滤失的影响。

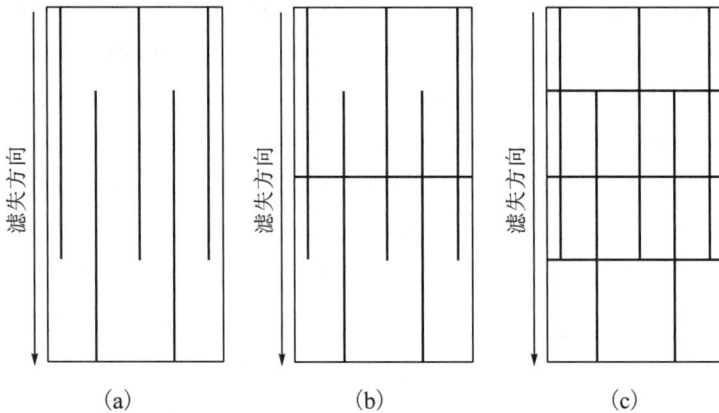

图 3-19　不同连通性的裂缝网络

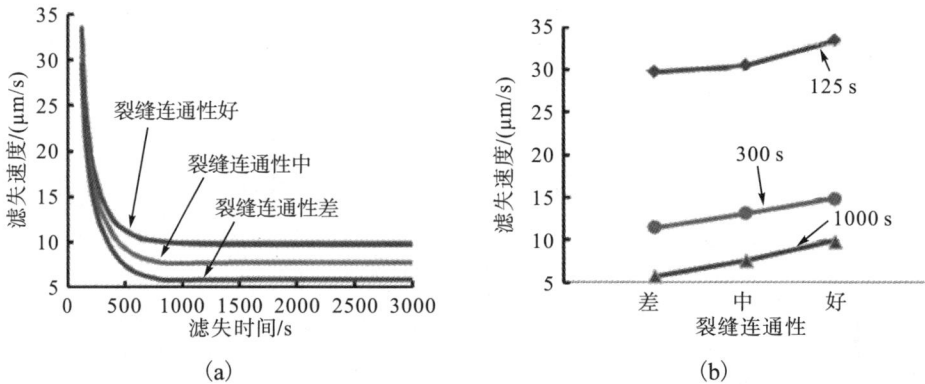

图 3-20　裂缝连通性对滤失速度影响的数值模拟结果

　　模拟结果如图 3-20(a)所示，三条横向裂缝的加入大大提高了滤失速度，这说明连通性好的裂缝网络的滤失能力明显好于连通性差的裂缝网络。这是因为工作液在裂缝连通性较差的储层中滤失时，需要通过渗透性较低的基质，这相当于增加了工作液滤失的阻力，而在连通性好的储层中滤失时，仅需要通过渗透性极强的裂缝。裂缝连通性对滤失速度的直观影响如图 3-20(b)所示，由此可见无论是滤失初期，还是滤失后期，裂缝连通性对滤失速度均有较大的影响。裂缝连通性是影响裂缝滤失的一大重要因素，即使是在相同裂缝含量下，裂缝连通性差异也会导致滤失速度存在较大差异。因此正确评价裂缝连通性对准确评价滤失速度是非常重要的。

3.3.7　砾缘缝的影响

对于地质运动较为活跃或者是胶结作用较弱的地层，砾缘缝较为发育。本节对比研究了存在砾缘缝和不存在砾缘缝的情况下，水力裂缝壁面压裂液滤失速度随时间变化的规律。结果如图 3-21 所示。砾缘缝的存在会显著增加压裂液的滤失速度，这在滤失后期更加明显。

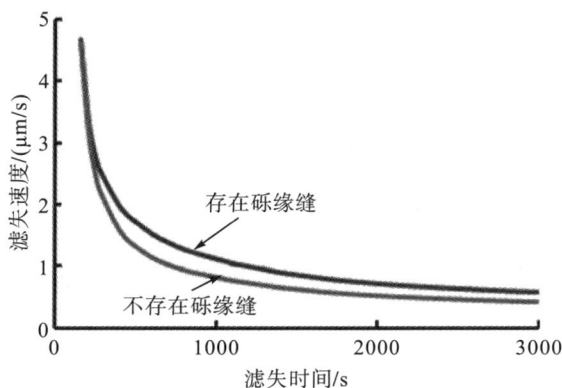

图 3-21　砾缘缝对滤失速度影响的数值模拟结果

第4章 裂缝性储层裂缝扩展模式研究

4.1 水力裂缝与天然裂缝相交准则

水力裂缝的延伸会受到天然裂缝的影响，裂缝网络的形成也要依靠水力裂缝和天然裂缝的相互作用。水力裂缝和天然裂缝的相互作用取决于地应力、岩石力学参数、天然裂缝特征、压裂施工参数等因素。如果水力裂缝直接穿过天然裂缝，水力裂缝的形态还是单一的；如果水力裂缝没有直接穿过天然裂缝，而是使天然裂缝张开并延伸，就有可能形成复杂的缝网[61]。

水力裂缝和天然裂缝的相互作用是一个复杂的过程。通过实验和现场数据[62~64]，人们认识到在裂缝尖端和裂缝中的流体前端之间会有流体迟滞[65]现象，而且裂缝尖端会产生局部应力场。在实验和现场数据的基础上，可以推断一些在水力裂缝向天然裂缝延伸过程中可能出现的情况(图 4-1)[66]。

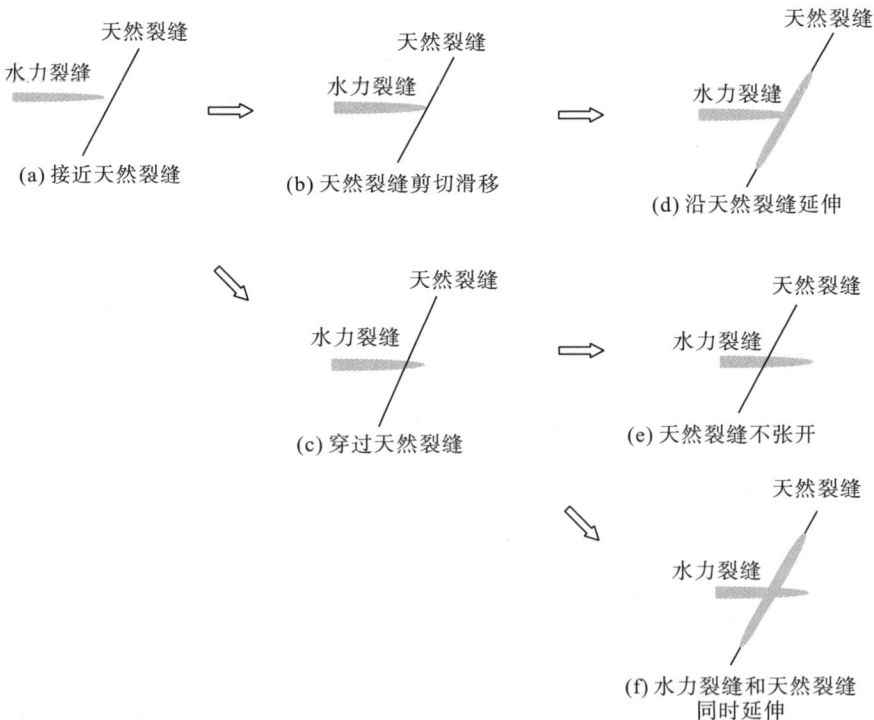

图 4-1 水力裂缝和天然裂缝的相交过程

　　这个过程可以细分为两个过程。第一个过程是裂缝尖端到达交界面，但是流体前端由于流体迟滞现象而与交界面保持一段距离。此时，相交点处的流体净压力（压裂液压力和最小主应力差）可以考虑为 0，但是天然裂缝已经处在水力裂缝产生的应力场的影响下，此时分析天然裂缝和水力裂缝的相互作用机制可以不考虑流体的影响而存在两种情况：一种是天然裂缝剪切滑移（图 4-1(b)）；另一种是天然裂缝被水力裂缝穿过（图 4-1(c)）。

　　第二个过程发生在流体前端到达天然裂缝时，相交点的流体压力也会上升。在天然裂缝剪切滑移的情况下，如果流体压力高于天然裂缝抗拉强度，流体可能流入天然裂缝并使其张开。如果流体继续流动，剪切滑移的天然裂缝将成为水力裂缝网络的一部分（水力裂缝沿着天然裂缝延伸，如图 4-1(d)所示）。

　　在水力裂缝穿过天然裂缝时可能有两种情况：在流体压力低于天然裂缝抗拉强度时，天然裂缝保持闭合（图 4-1(e)），在这种情况下，水力裂缝仍然是单一的，而且如果天然裂缝是渗透性的，则会加快压裂液的滤失；在流体压力大于天然裂缝抗拉强度时，流体会进入张开的天然裂缝（图 4-1(f)），在这种情况下，水力裂缝将会分支进入天然裂缝，且多条裂缝同时延伸，形成复杂缝网。

　　国内外学者做了大量关于水力裂缝和天然裂缝相交的理论和实验方面的研究。为了判断天然裂缝在水力裂缝接近时的行为，相继提出了很多准则，例如 Blanton 准则[67]、Warpinski 准则[68]、GU-Weng 准则[69]等，这些准则随后又被用于判别水力裂缝与天然裂缝的相交过程。

4.1.1　Blanton 准则

　　Blanton 针对应力差和逼近角这两个关键参数，通过实验推导出了水力裂缝和天然裂缝相互作用的准则，其假设和推导的理想化过程如下。

　　当水力裂缝接近天然裂缝的时候，水力裂缝前端具有很高的张应力，前端的应力将会使天然裂缝部分张开，而水力裂缝的延伸会被阻止。当水力裂缝延伸至与天然裂缝相交时，尖端钝化并停止延伸。在延伸停止之后，交点处压力会持续升高，直到天然裂缝张开或者在另一侧起裂。

　　当天然裂缝面上的拉应力超过其所受正应力时，天然裂缝将会张开，并伴随流体进入。当天然裂缝开始张开时，水力裂缝和天然裂缝交点处的应力上升速率会显著减缓。如果天然裂缝在另一侧起裂所需的应力大于使其张开的应力，在大量流体进入天然裂缝前，起裂将不会发生。水力裂缝和天然裂缝交点处的压力将会持续升高，但是上升速度会减缓，这取决于流速和泵速。因此，随后可能会发生天然裂缝的重新起裂。在 Blanton 的研究中，只考虑了初始的相交行为。

　　在上面所述的情况下，水力裂缝和天然裂缝的相交准则可以简单地表述如下。

当天然裂缝重新起裂所需压力小于使其张开的压力时，水力裂缝将会穿过天然裂缝。使天然裂缝在另一侧起裂的压力 P 需要大于平行于天然裂缝的应力 S_t 和岩石抗张强度 σ_t 之和，即有

$$P > S_t + \sigma_t \tag{4-1}$$

平行于天然裂缝的应力 S_t 不仅与远场应力和裂缝内压有关，还取决于相交区域的天然裂缝的摩擦滑移面和张开部分的几何形态，如图 4-2 所示。

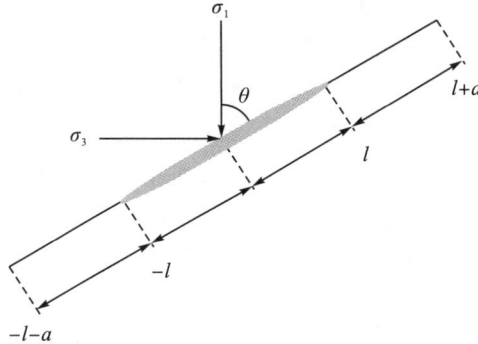

图 4-2　Blanton 准则模型示意图

天然裂缝在区间 $(-l, +l)$ 内是张开的，且缝内流压等于远场正应力 σ_{fn}。区间 $\pm(l+a) \sim \pm_l$ 为滑移区，长度为 a，滑移区的剪应力会持续增大，直到与远场剪应力 σ_{fs} 相等。该剪应力增加的斜率 σ_{fs}/a 取决于天然裂缝摩擦特性和缝内压降。

根据叠加原理可得

$$S_t = S_{t1} + S_{t2} \tag{4-2}$$

应力状态可以分为两个状态：S_{t1}，即只存在远场应力作用，作用方向与最大主应力方向呈 θ 角；S_{t2}，即仅在天然裂缝面上存在切应力分布，而远场应力为零。则相交作用判定准则可以写为

$$S_{t1} + S_{t2} - P < -\sigma_t \tag{4-3}$$

Blanton 判定准则最终为

$$
\begin{cases}
\sigma_1 - \sigma_3 < -\dfrac{\sigma_t}{\cos 2\theta - b \sin 2\theta} \\[2mm]
b = \dfrac{1}{2a}\left[v(x_0) - \dfrac{x_0 - L}{K_f} \right], \quad x_0 = \left[\dfrac{(1+a)^2 + e^{\frac{\pi}{2K_f}}}{1 + e^{\frac{\pi}{2K_f}}} \right]^{\frac{1}{2}} \\[4mm]
v(x) = \dfrac{1}{\pi}\left[(x+L)\ln\left(\dfrac{x+L+a}{x+L}\right)^2 + (x-L)\ln\left(\dfrac{x-L-a}{x-L}\right)^2 + a\ln\left(\dfrac{x+L+a}{x-L-a}\right)^2 \right]
\end{cases}
$$

式中，σ_1——远场最大主应力，MPa；

σ_3——远场最小主应力，MPa；

θ——天然裂缝与最大主应力夹角，°；

K_f——岩石内摩擦系数；

L——天然裂缝张开区半长，m；

a——天然裂缝滑移区半长，m。

Blanton 判定准则的假设条件是水力裂缝与天然裂缝相交后只发生天然裂缝张开和天然裂缝在另一面重新起裂两种情况。准则没有考虑下列可能发生的现象（在此仅从二维平面分析，且忽略天然裂缝胶结、施工参数、压裂液特性等影响因素）：①水力裂缝直接穿过天然裂缝；②天然裂缝先被撑开一段时间后，当压力足够大时会在天然裂缝面上形成新缝；③天然裂缝的张开和新缝的产生可能同时发生；④天然裂缝发生剪切破裂。

4.1.2　Warpinski 准则

Warpinski 以矿场和室内实验为依据，建立了天然裂缝与水力裂缝相交情况下对水力裂缝延伸的影响准则。

根据线性摩擦理论，天然裂缝发生剪切滑移所满足的条件如下：

$$|\tau| = \tau_0 + K_f(\sigma_n - p) \tag{4-4}$$

式中，τ——天然裂缝面上的剪切力，MPa；

τ_0——天然裂缝面上的岩石内聚力，MPa；

K_f——天然裂缝内摩擦系数，无因次；

σ_n——天然裂缝面所受正应力，MPa。

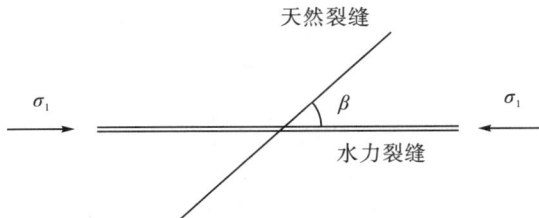

图 4-3　Warpinski 准则模型示意图

如图 4-3 所示，若天然裂缝与水力裂缝之间的夹角为 β，则式(4-4)可以用主应力和夹角来表示：

$$(\sigma_1 - \sigma_3)(\sin 2\beta + K_f \cos 2\beta) - K_f(\sigma_1 + \sigma_3 - 2P) = 2\tau_0 \tag{4-5}$$

假设裂缝不张开，因此裂缝内流压应小于天然裂缝张开所需的正应力：

$$P < \frac{1}{2}(\sigma_1 + \sigma_3) - \frac{1}{2}(\sigma_1 - \sigma_3)\cos 2\beta \tag{4-6}$$

只有当岩石为不渗透时，式(4-6)才成立。

若水力裂缝在交点处被天然裂缝钝化，则水力裂缝尖端的应力奇异性随之消失，尖端处的附加应力分量可以忽略，则交点处的孔隙流体压力为

$$P = \sigma_3 + P_{net} \tag{4-7}$$

式中，P_{net}——施工净压力，MPa。

将式(4-7)代入式(4-5)，则可以得到在给定天然裂缝和施工条件下发生剪切滑移所需的临界应力差值：

$$\sigma_1 - \sigma_3 = \frac{2\tau_0 - 2K_f P_{net}}{\sin 2\beta + K_f \cos 2\beta - K_f} \tag{4-8}$$

将式(4-7)代入式(4-6)，则天然裂缝张开的判定准则为

$$P_{net} \geqslant \frac{1}{2}(\sigma_1 - \sigma_3)(1 - \cos 2\beta) \tag{4-9}$$

Warpinski判定准则可以预测当水力裂缝延伸至与天然裂缝的相交点时，尖端钝化并停止延伸后，天然裂缝是发生剪切滑移还是张开，但不能判断水力裂缝是否穿过天然裂缝。准则中只涉及水力裂缝停止延伸这一种情况，可以用来分析天然裂缝的稳定性。

4.1.3　Gu-Weng 准则

Renshaw 和 Pollard 在 1995 年建立了判定水力裂缝是否会穿过天然裂缝的准则，但该准则只适用于垂直相交的情况，即水力裂缝沿最大主应力方向，天然裂缝沿最小主应力方向。但是，实际上天然裂缝发育方位是任意的，针对这一问题，Gu 和 Weng 在 2010 年对 Renshaw-Pollard 判定准则进行了改进，而 Renshaw-Pollard 准则相当于 Gu-Weng 判定准则的一种特殊情况。

基于裂缝尖端应力的线弹性断裂力学解，Gu-Weng 判定准则可以确定水力裂缝与天然裂缝以任意角度相交时，使天然裂缝重新起裂而不发生滑移的应力大小。

根据线弹性断裂力学，裂缝尖端的应力解为

$$\begin{cases} \sigma_x = \sigma_H + \dfrac{K_I}{\sqrt{2\pi r}}\cos\dfrac{\theta}{2}\left(1 - \sin\dfrac{\theta}{2}\sin\dfrac{3\theta}{2}\right) \\ \sigma_y = \sigma_h + \dfrac{K_I}{\sqrt{2\pi r}}\cos\dfrac{\theta}{2}\left(1 + \sin\dfrac{\theta}{2}\sin\dfrac{3\theta}{2}\right) \\ \tau_{xy} = \dfrac{K_I}{\sqrt{2\pi r}}\sin\dfrac{\theta}{2}\cos\dfrac{\theta}{2}\cos\dfrac{3\theta}{2} \end{cases} \tag{4-10}$$

式中，K_I——应力强度因子，$MPa/\sqrt{m}$；

r、θ——裂缝尖端处的极坐标，°。

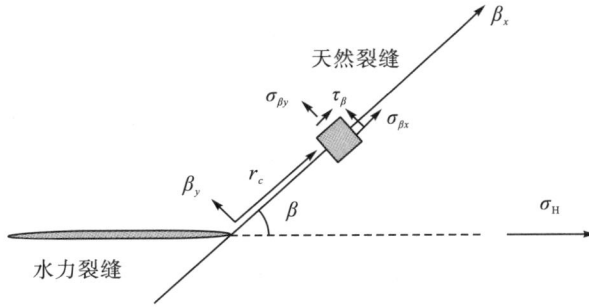

图 4-4　Gu-Weng 准则模型示意图

如图 4-4 所示，定义临界半径 $r_{c}=\left(\dfrac{K_{\mathrm{I}}}{\sqrt{2\pi K}}\cos\dfrac{\theta}{2}\right)^{2}$，由于岩石的非弹性行为，因此在临界半径内的应力是有限的。天然裂缝在另一侧重新起裂的力学条件是最大主应力必须达到岩石抗张强度，其数学表达式为

$$\sigma_{1}=\sigma_{t} \tag{4-11}$$

其中最大主应力可以表示为

$$\sigma_{1}=\frac{\sigma_{x}+\sigma_{y}}{2}+\sqrt{\left(\frac{\sigma_{x}-\sigma_{y}}{2}\right)^{2}+\tau_{xy}^{2}} \tag{4-12}$$

主应力方向为

$$\tan 2\theta=\frac{2\tau_{xy}}{\sigma_{x}-\sigma_{y}} \tag{4-13}$$

将式 (4-12) 代入式 (4-11) 后可以表示为

$$\cos^{2}\frac{\theta}{2}K^{2}+2\left[\left(\frac{\sigma_{\mathrm{H}}-\sigma_{\mathrm{h}}}{2}\right)\sin\frac{\theta}{2}\sin\frac{3\theta}{2}-T\right]K+\left[T^{2}-\left(\frac{\sigma_{\mathrm{H}}-\sigma_{\mathrm{h}}}{2}\right)^{2}\right]=0 \tag{4-14}$$

式中，$K=\dfrac{K_{\mathrm{I}}}{\sqrt{2\pi r_{c}}}\cos\dfrac{\theta}{2}$，$T=\sigma_{t}-\dfrac{\sigma_{\mathrm{H}}+\sigma_{\mathrm{h}}}{2}$。

从式 (4-14) 中可以解出两个 K 值，其中较大值对应的才是最大主应力。

要使水力裂缝穿过天然裂缝，则天然裂缝界面不能发生滑移，因此必要条件为

$$\left|\tau_{\beta}\right|<S_{0}-K_{\mathrm{f}}\sigma_{\beta y} \tag{4-15}$$

式中，K_{f}——内摩擦系数，无因次；

S_{0}——天然裂缝内聚力，MPa；

τ_{β}、$\sigma_{\beta y}$——分别为天然裂缝面上的切应力和正应力 (远场应力和天然裂缝尖端应力的合力)，MPa。

将远场应力投射到天然裂缝面上，则有

$$\begin{cases} \sigma_{r,\beta x} = \dfrac{\sigma_H + \sigma_h}{2} + \dfrac{\sigma_H - \sigma_h}{2}\cos 2\beta \\[3mm] \sigma_{r,\beta y} = \dfrac{\sigma_H + \sigma_h}{2} - \dfrac{\sigma_H - \sigma_h}{2}\cos 2\beta \\[3mm] \tau_{r,\beta} = -\dfrac{\sigma_H - \sigma_h}{2}\sin 2\beta \end{cases} \tag{4-16}$$

将水力裂缝尖端应力投射到天然裂缝面上，则有

$$\begin{cases} \sigma_{\text{tip},\beta x} = K - K\sin\dfrac{\theta}{2}\sin\dfrac{3\theta}{2}\cos 2\beta + K\sin\dfrac{\theta}{2}\cos\dfrac{3\theta}{2}\sin 2\beta \\[3mm] \sigma_{\text{tip},\beta y} = K + K\sin\dfrac{\theta}{2}\sin\dfrac{3\theta}{2}\cos 2\beta - K\sin\dfrac{\theta}{2}\cos\dfrac{3\theta}{2}\sin 2\beta \\[3mm] \tau_{\text{tip},\beta} = K\sin\dfrac{\theta}{2}\sin\dfrac{3\theta}{2}\sin 2\beta + K\sin\dfrac{\theta}{2}\sin\dfrac{3\theta}{2}\cos 2\beta \end{cases} \tag{4-17}$$

由式(4-16)、式(4-17)得到天然裂缝面上的切应力和正应力的合力为

$$\begin{cases} \tau_{\beta} = K\sin\dfrac{\theta}{2}\sin\dfrac{3\theta}{2}\sin 2\beta + K\sin\dfrac{\theta}{2}\sin\dfrac{3\theta}{2}\cos 2\beta \\[3mm] \qquad - \dfrac{\sigma_H - \sigma_h}{2}\sin 2\beta \\[3mm] \sigma_{\beta y} = K + K\sin\dfrac{\theta}{2}\sin\dfrac{3\theta}{2}\cos 2\beta - K\sin\dfrac{\theta}{2}\cos\dfrac{3\theta}{2}\sin 2\beta \\[3mm] \qquad + \dfrac{\sigma_H + \sigma_h}{2} - \dfrac{\sigma_H - \sigma_h}{2}\cos 2\beta \end{cases} \tag{4-18}$$

将式(4-18)及通过式(4-14)解得的 K 值代入式(4-15)，若满足式(4-15)，则天然裂缝面上会起裂新缝，即水力裂缝穿过天然裂缝；若不满足式(4-15)，则穿过现象不会发生，天然裂缝会发生滑移。

当考虑天然裂缝内聚力后，Gu-Weng 准则还可以简单地延伸为

$$\dfrac{\dfrac{S_0}{K_f} - \sigma_H}{\sigma_t - \sigma_h} > \dfrac{0.35 + \dfrac{0.35}{K_f}}{1.06} \tag{4-19}$$

当式(4-19)中的内聚力为 0 时则退为 Renshaw-Pollard 判定准则。

Gu-Weng 判定准则着重于接触角对裂缝间相互作用的影响，在建立过程中考虑了裂缝尖端附近的非弹性区域，以及天然裂缝内聚力的影响。尽管判定准则最终不能以显示方程表达，但通过简单的编程即可判定水力裂缝是否会穿过天然裂缝。该准则的缺陷是未考虑天然裂缝会被撑开的情况，忽略了滤失对裂缝间相互作用的影响。

4.2　水力裂缝与天然裂缝相交行为分析

4.2.1　天然裂缝张开或剪切滑移的条件

Warpinski 判定准则可以预测水力裂缝接近天然裂缝后天然裂缝的破裂模式，表达式为施工净压力的函数，利用其分析天然裂缝是张开或者剪切滑移，可为设计施工提供参考。

1. 内摩擦系数的影响

因为在天然裂缝张开的判定方程中不含有内摩擦系数，因此内摩擦系数的大小只对天然裂缝是否发生剪切滑移有影响。取水平应力差为 20MPa，内聚力为 5MPa，不同摩擦系数条件下天然裂缝剪切滑移的临界曲线如图 4-5 所示。

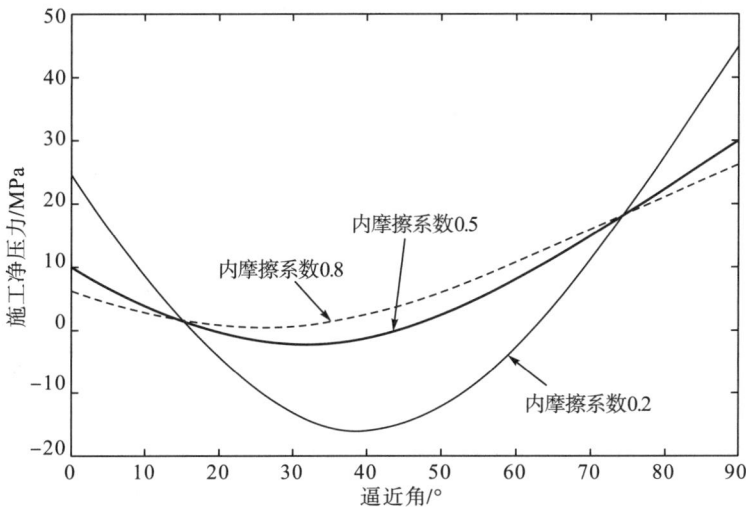

图 4-5　不同内摩擦系数条件下的天然裂缝剪切临界曲线

从图中可以看出，随逼近角的增大，天然裂缝发生剪切滑移的临界施工净压力先减小后增大。在较低的内摩擦系数(0.2)情况下，临界施工净压力的变化幅度较大，且在逼近角为 16°~62°时施工净压力为负值；在较大的内摩擦系数(0.8)情况下，剪切临界净变化幅度相对最小。需要注意的是，判断天然裂缝是否剪切破裂，要先判断其是否张开，如果不张开且施工净压力在临界曲线之上，天然裂缝即会发生剪切破裂。

2. 内聚力的影响

取水平应力差为 20MPa，内摩擦系数为 0.6，不同内聚力下的天然裂缝张开和剪切的临界曲线如图 4-6~图 4-8 所示。在天然裂缝张开的临界曲线以上的范围，天然裂缝张开；在天然裂缝张开的临界曲线以下、天然裂缝剪切的临界曲线以上的范围，天然裂缝剪切滑移。

　　对比发现，内聚力的增加会使剪切临界曲线整体上移，因为在张开临界曲线以下剪切临界曲线以上的范围天然裂缝才会剪切滑移，所以内聚力的增加会使天然裂缝发生剪切滑移的范围变小。需要说明的是内聚力的大小不会影响天然裂缝张开的临界值。

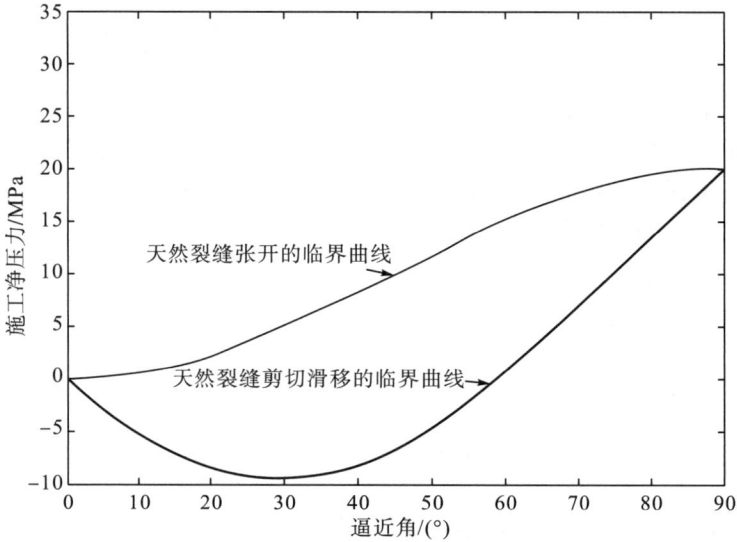

图 4-6　内聚力 τ_0=0MPa 时的临界曲线

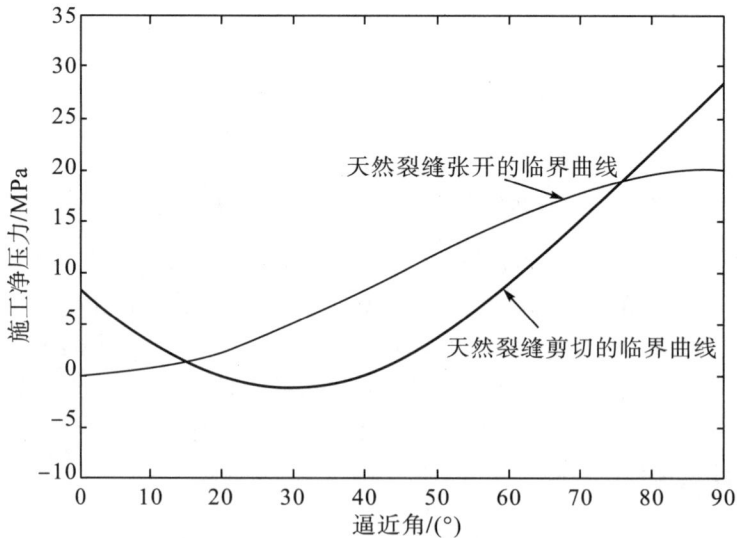

图 4-7　内聚力 τ_0=5MPa 时的临界曲线

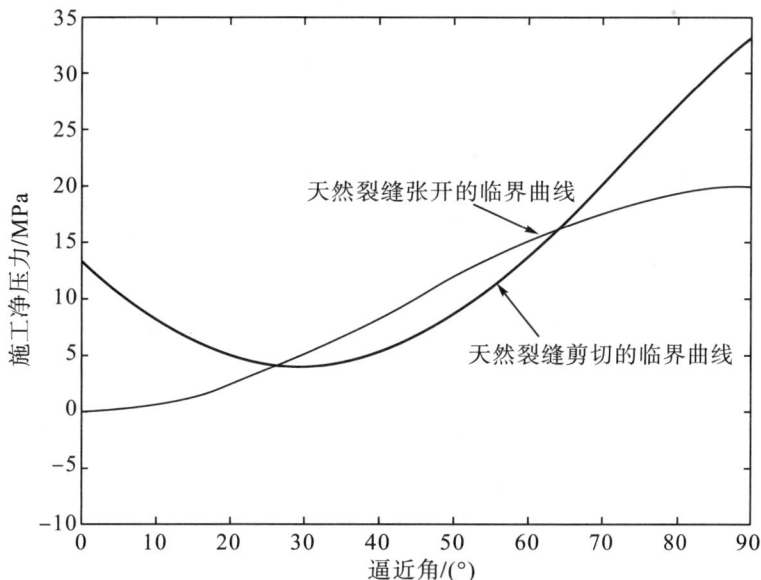

图 4-8 内聚力 τ_0=8MPa 时的临界曲线

3. 水平主应力差的影响

取内摩擦系数为 0.6，内聚力为 5MPa，不同水平主应力差情况下的天然裂缝张开和剪切的临界曲线如图 4-9～图 4-11 所示。在天然裂缝张开的临界曲线以上的范围，天然裂缝张开；在天然裂缝剪切的临界曲线以下、天然裂缝张开的临界曲线以上的范围，天然裂缝剪切滑移。

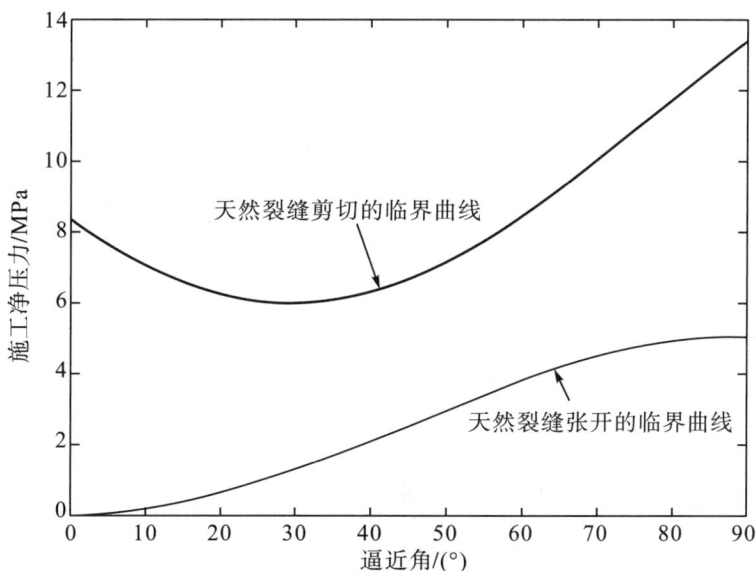

图 4-9 水平应力差为 5MPa 时的临界曲线

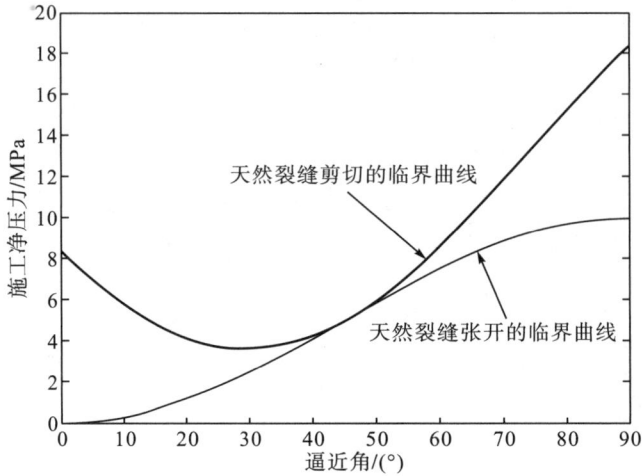

图 4-10　水平应力差为 10MPa 时的临界曲线

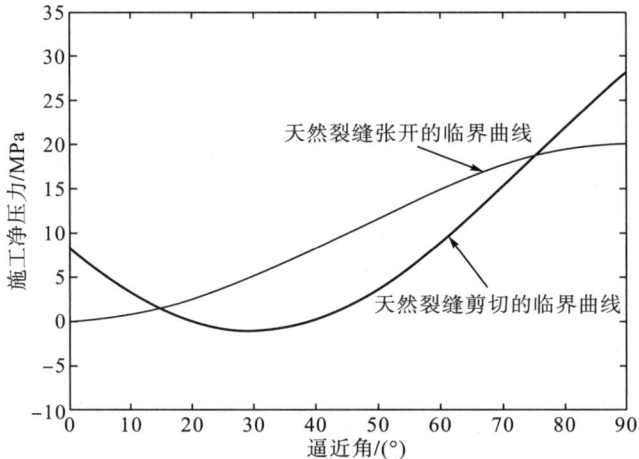

图 4-11　水平应力差为 20MPa 时的临界曲线

　　对比不同水平应力差下的临界曲线可以得出以下结论：①在较低的水平应力差情况下（小于 10MPa），天然裂缝剪切的临界曲线都在张开临界曲线之上，即是说天然裂缝的破裂方式只可能是张开破裂；②在水平应力差较大（20MPa）时，在低逼近角和高逼近角情况下，天然裂缝也只会是张开破裂，而在 15°～75°逼近角范围内，则有对应的使天然裂缝发生剪切破坏的施工净压力范围；③水平应力差的增大使天然裂缝张开所需要的施工净压力增大。

4.2.2　水力裂缝穿过天然裂缝的条件

1. 内摩擦系数的影响

　　根据裂缝性储层地应力范围，取最小水平主应力为 50MPa。为方便分析内摩擦系数对相交行为的影响，取内聚力为 0MPa，抗张强度为 0MPa。利用 Gu-Weng 判定准则计算水力裂缝和天然裂缝在正交情况下的摩擦系数 K_f 对裂缝相交行为的影响，如图 4-12 所示。

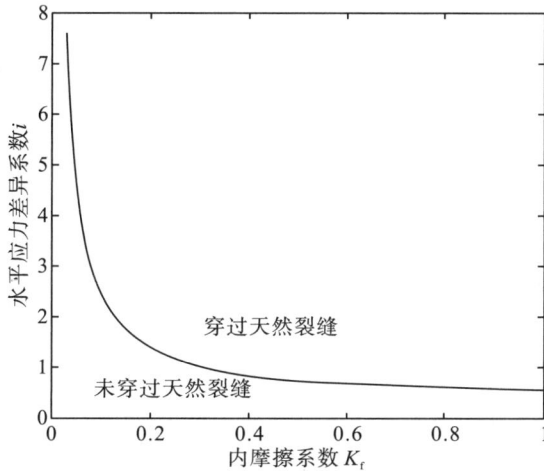

图 4-12　逼近角 90°时内摩擦系数对裂缝扩展的影响

　　图 4-12 所示为逼近角为 90°时水力裂缝是否穿过天然裂缝的临界曲线，纵坐标表示水平应力差异系数 i（$i=(\sigma_H-\sigma_h)/\sigma_h$），曲线以上区域代表水力裂缝穿过天然裂缝，曲线以下区域则相反。从图中可以看出，内摩擦系数越大，水力裂缝穿过天然裂缝需要的水平应力差越小，且在内摩擦系数大于 0.5 以后下降趋势趋于平缓。

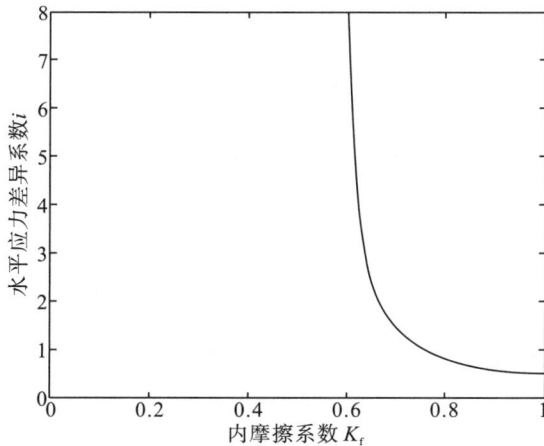

图 4-13　逼近角 60°时内摩擦系数对裂缝扩展的影响

　　图 4-13 所示为逼近角为 60°时水力裂缝穿过天然裂缝的临界曲线，与逼近角为 90°时的曲线相比，曲线整体右移，且在 $K_f<0.6$ 的范围内，水力裂缝不会穿过

天然裂缝，只会造成天然裂缝的剪切滑移。

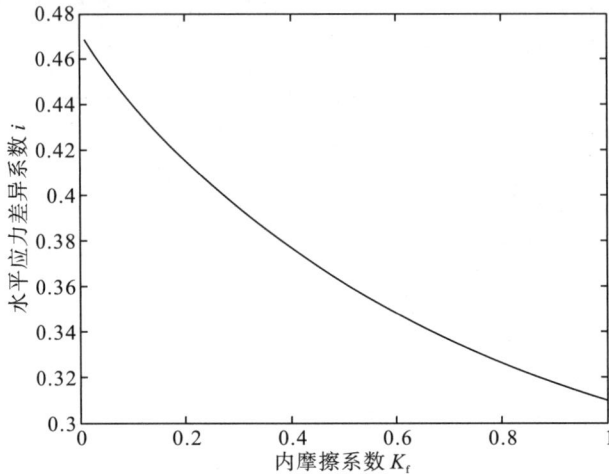

图 4-14   逼近角 45°时内摩擦系数对裂缝扩展的影响

图 4-14 所示为逼近角为 45°时水力裂缝穿过天然裂缝的临界曲线，随内摩擦系数的增大，水力裂缝穿过天然裂缝需要的水平应力差越来越小。与逼近角为 90°、60°时的曲线比较，水平应力差异系数 i 的变化范围较小，在 0.16 的范围内。

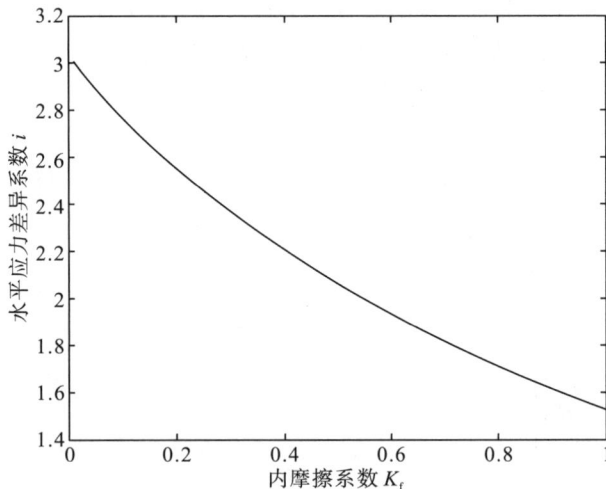

图 4-15   逼近角 30°时内摩擦系数对裂缝扩展的影响

图 4-15 所示为逼近角为 30°时水力裂缝穿过天然裂缝的临界曲线，随内摩擦系数的增大，水力裂缝穿过天然裂缝需要的水平应力差越小。与逼近角为 90°、60°时的曲线比较，水平应力差异系数 i 的变化范围较小，在 1.5 的范围内。

对比图 4-12～图 4-15 可以发现：逼近角为 45°时，内摩擦系数对水力裂缝穿过天然裂缝的影响最小；而逼近角为 90°、60°时，内摩擦系数对其的影响最大。

2. 逼近角、最小水平主应力大小的影响

逼近角为影响水力裂缝和天然裂缝相交行为的重要因素，利用 Gu-Weng 判定准则计算不同逼近角 β 下的水力裂缝和天然裂缝的相交行为，分析逼近角、最小水平主应力及岩石抗张强度、黏聚力对天然裂缝是否被穿过的影响。裂缝性储层岩石平均内摩擦角为 60°，因此计算中取内摩擦系数为 0.58。

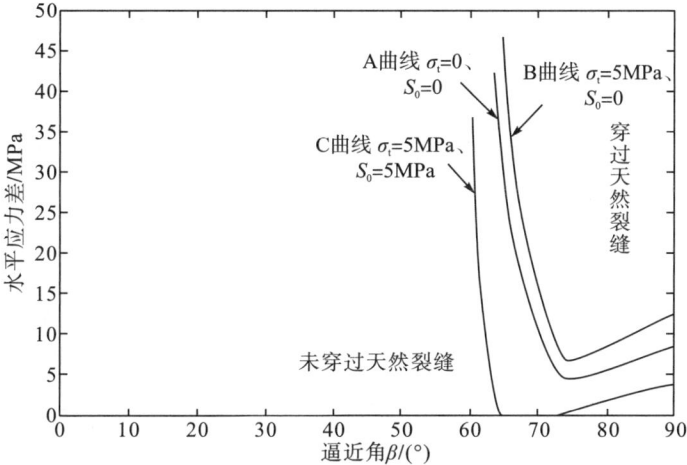

图 4-16 σ_h=10MPa 时逼近角对裂缝扩展的影响

图 4-16 表示在最小水平主应力为 10MPa 的情况下，逼近角和水平应力差 $(\sigma_H - \sigma_h)$ 对裂缝相交行为的影响。图中不同的曲线分别代表以下三种情况：①曲线 A 代表岩石抗张强度 σ_t 和内聚力 S_0 都为 0MPa 的情况；②曲线 B 代表 σ_t=5MPa、S_0=0MPa 的情况；③曲线 C 代表 σ_t=5MPa、S_0=5MPa 的情况。曲线上方的区域代表水力裂缝直接穿过天然裂缝，其他区域则代表水力裂缝未穿过天然裂缝。

从图中可以看出，在三种情况下的逼近角较小的区域（小于 60°），水力裂缝都不能穿过天然裂缝；在能穿过天然裂缝的区域，随逼近角的增大，需要的水平应力差在开始最大，随后先减小后增大，且减小的幅度较大。

情况①中穿过天然裂缝需要的最大水平应力差出现在逼近角为 63°时，其值为 42.2MPa，需要的最小水平应力差出现在逼近角为 74°时，其值为 4.5MPa；情况②中需要的最大水平应力差出现在逼近角为 64.7°，其值为 46.7MPa，需要的最小水平应力差出现在逼近角为 74.5°，其值为 6.7MPa；情况③中需要的最大水平应力差出现在逼近角为 60.7°，其值为 37.1MPa，需要的最小水平应力差出现在逼近角为 64.7°~72.2°时，其值为 0MPa；

对比上述三种情况下的临界曲线，可以得出岩石抗张强度 σ_t 增大使水力裂缝穿过天然裂缝的范围减小，而较大的内聚力 S_0 有利于水力裂缝穿过天然裂缝这一结论。

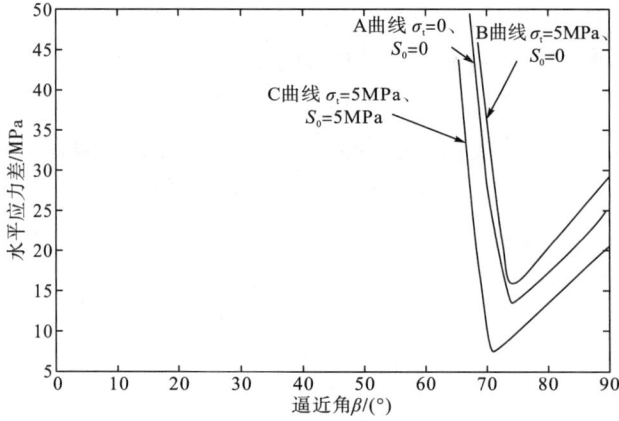

图 4-17　σ_h=30MPa 时逼近角对裂缝扩展的影响

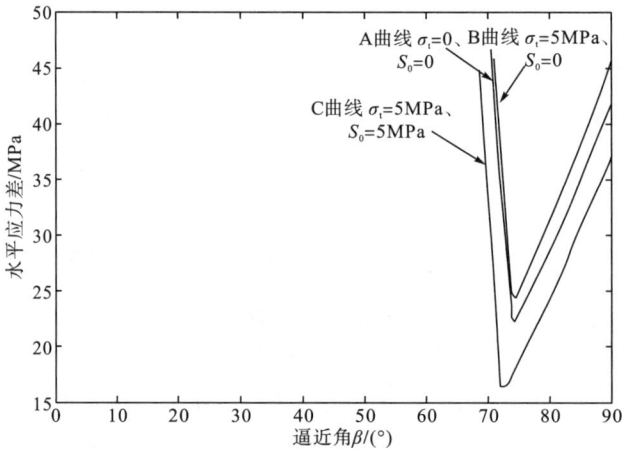

图 4-18　σ_h=50MPa 时逼近角对裂缝扩展的影响

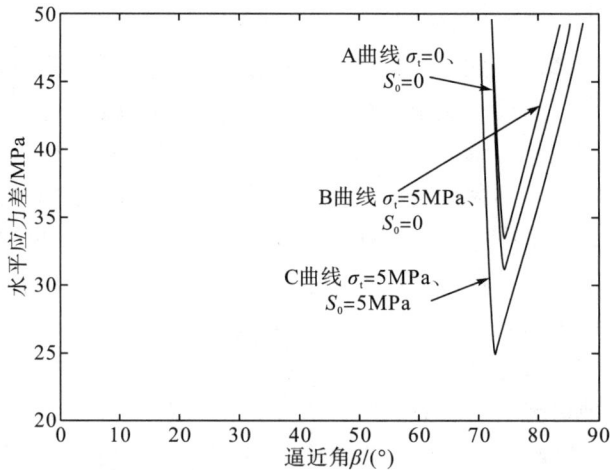

图 4-19　σ_h=70MPa 时逼近角对裂缝扩展的影响

　　图 4-17～图 4-19 分别表示在最小水平主应力为 30MPa、50MPa 和 70MPa 的情况下，逼近角和水平应力差 $(\sigma_H - \sigma_h)$ 对裂缝相交行为的影响，图中不同曲线的含义与图 4-16 相同。

　　将图 4-17～图 4-19 与图 4-16 对比可以得出以下结论：①最小水平主应力的增大使水力裂缝能够穿过天然裂缝的逼近角范围变小；②最小水平主应力的增大使曲线上移，即使曲线的最小值增大，水力裂缝穿过天然裂缝变的更加困难；③曲线都呈先减小后增大的趋势，而最小水平主应力的增大使增大的那一部分线段的斜率增大；④最小水平主应力的增大使抗张强度 σ_t 和内聚力 S_0 对相交行为的影响都变的相对较小。

第5章 裂缝性储层水平井分段压裂产量预测模型

5.1 气体流动特征与缝间干扰分析

5.1.1 气体流动特征研究

本书所研究的裂缝性气藏是指具有天然裂缝-孔隙性介质的双重介质气藏,其是由无数天然裂缝以及被天然裂缝任意分割的无数具有一般多孔介质结构的基质岩块组成,如图5-1所示。含有大量细小孔隙的基质岩块具有极高的储存能力,是气体在该类储层中主要的储集空间。天然裂缝的储存能力较低但是渗透性极高,是气体在该类储层中主要的渗流通道。双重介质储层所具有的这种结构上的特殊性决定了气体在裂缝性致密气藏中的流动特征。

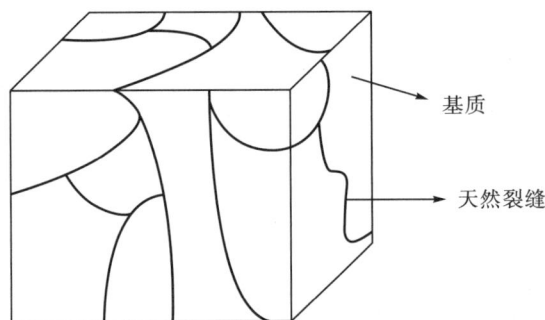

图 5-1 裂缝性气藏示意图[70]

当分段压裂水平气井投产后,天然裂缝中的气体率先流向人工裂缝,进而在基质岩块系统和天然裂缝系统之间造成压力不平衡,基质岩块系统中的气体在此压差的作用下开始向天然裂缝"窜流",再经过天然裂缝流入人工裂缝,最终流入水平井筒。基质与天然裂缝之间的流体交换形成了天然裂缝系统和基质系统两个交错的水动力学系统,每一个水动力学系统均有着不同的压力和流速。因此,在建立裂缝性气藏的分段压裂水平井渗流模型时,需要分别建立基质系统和天然裂缝系统的运动方程、状态方程和连续性方程,并在连续性方程中描述出基质系统向天然裂缝系统的气体窜流,进而建立气体在裂缝性致密气藏中的渗流微分方程。

1. 不稳定渗流早期

对于封闭边界气藏，在分段压裂水平气井投产之前，地层内各点的压力相等，压力分布曲线为一条水平线，如图 5-2 中的水平线 AB_0 所示，其对应的时间为 $t=0$。

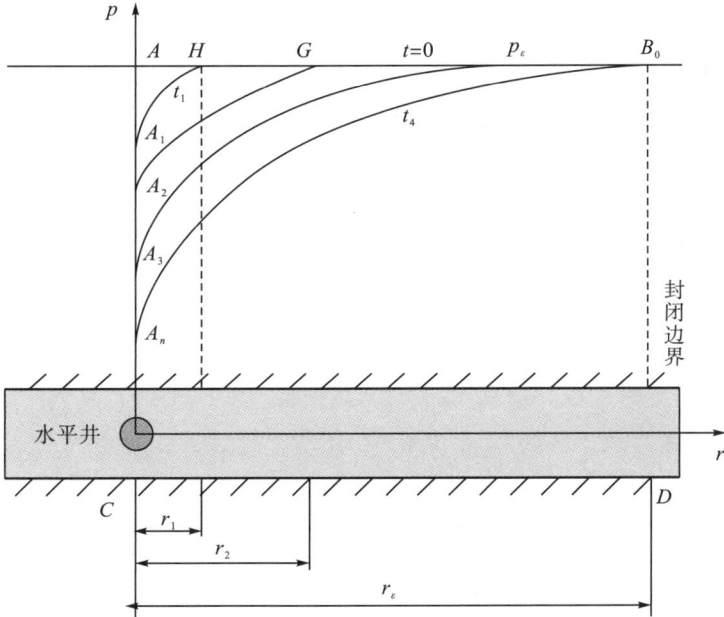

图 5-2　不稳定渗流早期地层压力分布曲线

水平气井开始以定产量 q 生产以后，水平井筒内的压力下降导致气体膨胀流出，然后井壁周围地层的压力也开始逐渐下降，使得气体和岩石颗粒膨胀，从而排挤气体进入水平井筒，形成压降漏斗曲线 A_1H，其对应的时间为 t_1，此时的气井产量 q 是半径为 r_1 的地层区域内的气体和岩石颗粒弹性膨胀所排挤出的气体之和；而在 r_1 之外的区域，由于没有压降也就没有气体的流动，渗流速度就为 0，则 A_1H 与水平线 AB_0 相切于点 H。t_1 之后，水平气井为了维持以定产量 q 继续生产，井底压力将再次下降使得气体及岩石再次膨胀排挤气体，与此同时，压力波进一步向地层中传播，就形成了更大的压降漏斗曲线 A_2G，此时的气井产量 q 是由半径为 r_2 的区域内的地层所供给的；同样在 r_2 之外的区域没有气体流动，其在地层压力分布曲线上表现为 A_2G 与 AB_0 相切于点 G。为了维持水平气井产量 q 不变，在地层中所形成的压降漏斗将随生产时间的增加而扩大。当地层压力波传播至边界时，压降漏斗曲线如图 5-2 中的 A_nB_0（对应的时间为 t_B），其在 B_0 处的切线依然保持水平，这说明了此瞬间分段压裂水平井仍是靠点 B_0 以内的地层弹性能量产出气体。地层压力波传到封闭边界之前的这一个阶段称为压力波传播的第一阶段，又称为不稳定渗流早期。

2.不稳定渗流晚期

地层压力波传到封闭边界之后的阶段称为压力波传播的第二阶段，又称为不稳定渗流晚期，此阶段的地层压力分布曲线如图5-3所示。

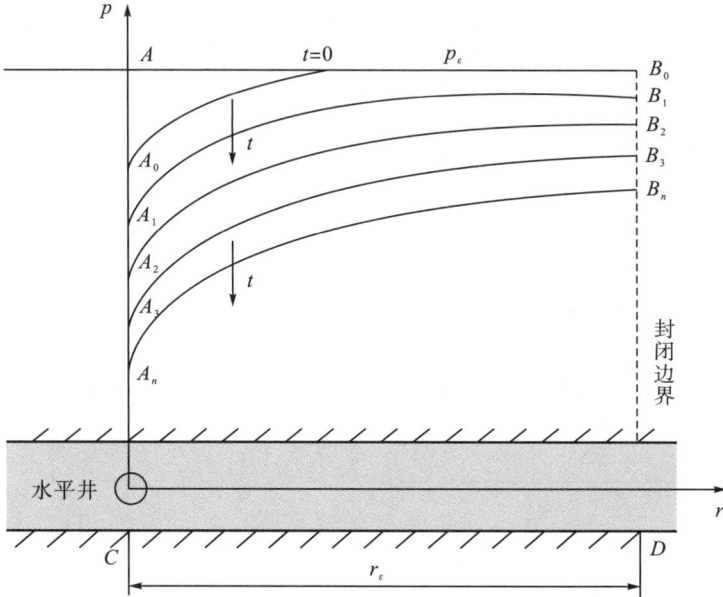

图5-3　不稳定渗流晚期地层压力分布曲线

在不稳定渗流晚期，封闭边界气藏无外来能量供给，因此当压力波传到边界 B_0 之后，气藏边界处压力就会不断下降，而且刚开始下降时边界处的压降幅度要比井壁及地层中各点的压降幅度要小，即 $B_0B_1 < A_0A_1$、$B_1B_2 < A_1A_2$、$\cdots$、$B_{n-1}B_n < A_{n-1}A_n$。

随着生产时间的增加，从井壁到地层边界各点的压降幅度逐渐趋于一致，即当气井产量 q 恒定、渗流阻力不变时，气藏内弹性能量的释放逐渐稳定下来，达到"拟稳定状态"。在该状态下地层中任意一点的压降速度为常数，此时渗流达到了拟稳定流动阶段。

因此，在进行裂缝性气藏水平井分段压裂产量预测研究时，应将渗流过程划分为三个阶段，即需要分别建立不稳定渗流早期、不稳定渗流晚期和拟稳定渗流时期的产量预测模型。同时，考虑到裂缝性致密气藏中基质的渗透率远小于天然裂缝渗透率，则可以忽略基质中气体向人工裂缝的直接渗流。再者，目前大多数水平井的水力压裂施工作业都是先用封隔器封隔，然后进行射孔操作，也即是说储层中除了射孔压裂处外，其余与井筒相接触的地方均为封闭的，因而可以忽略基质中气体向水平井筒的直接渗流。而压后产生的人工裂缝的渗透率又比天然裂缝的渗透率大得多，因此储层中的气体需先经过天然裂缝流入人工裂缝，最终再由人工裂缝流入水平井筒。综上可得，进行分段压裂水平井产能研究时应采用的渗流过程为基质—天然裂缝—人工裂缝—水平井筒。

5.1.2　人工裂缝形态与缝间干扰分析

　　由于地应力差异和压裂技术的局限，水平井分段压裂后所形成的多条人工裂缝往往难以实现设计的形态，且人工裂缝在长度、宽度、缝间距以及方位角等方面也各不相同。分段压裂水平井可能产生的人工裂缝形态有纵向缝、横向缝、转向缝和不共面缝。

　　1. 纵向缝

　　当水平井筒方向垂直于最小水平主应力方向时，人工裂缝将沿着水平井筒起裂，就会产生纵向缝[71](图 5-4)。

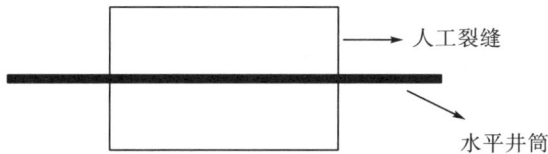

图 5-4　纵向缝示意图

　　对于裂缝性气藏来说，纵向缝的最大优点在于其能够沿着水平井筒方向沟通更多的天然裂缝，但纵向缝的有效泄气面积相对较小，增加的水平井控制储量有限。

　　2. 横向缝

　　当水平井筒方向平行于最小水平主应力方向时，人工裂缝将以垂直于水平井筒的方向起裂，就会产生横向缝(图 5-5)。

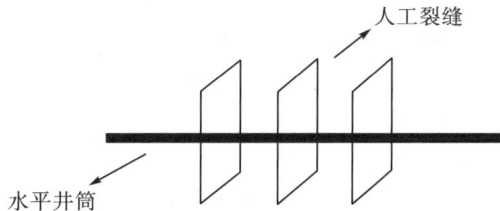

图 5-5　横向缝示意图

　　横向缝的最大优点在于其尺寸相对较小，因而能够沿水平井段压开多条裂缝[72]。多条横向缝虽然易产生缝间干扰，但其可大幅度增加泄气面积，改善气藏渗流状态，显著提高压裂水平井产量和采收率。

　　3. 转向缝

　　实际压裂措施中，水平井筒方向往往不会与最小水平主应力方向垂直或平行，而是存在着一定的夹角[73]。因而在实际施工中，裂缝起裂后延伸一定的距离就会转向另一个方向延伸，即裂缝出现转向或扭曲，这种人工裂缝称之为转向缝(图 5-6)。

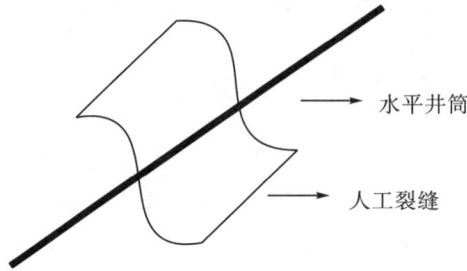

水平井筒

人工裂缝

图 5-6　转向缝示意图

4. 不共面缝

当地应力较为复杂时，人工裂缝两翼的延伸状况很可能不一样，裂缝两翼也不在同一个平面上[74]，即产生不共面缝(图 5-7)。

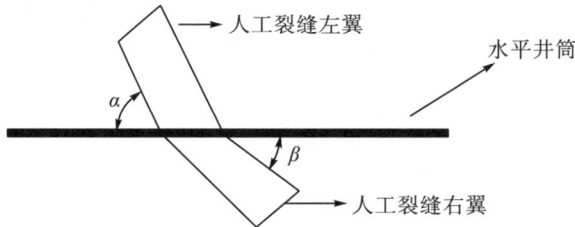

人工裂缝左翼

水平井筒

α

β

人工裂缝右翼

图 5-7　不共面缝示意图

压后多条人工裂缝同时生产时，随着压力波的传播，每一条人工裂缝周围均会形成一定范围的波及区域。在水平气井生产初期，由于人工裂缝能够控制的渗流面积比较小，各波及区域不会相交，即人工裂缝之间不存在相互干扰，如图 5-8 所示。随着生产的进行，各波及区域逐渐扩大并相交(图 5-9)，最终形成一定范围的干扰区，即出现缝间干扰现象(图 5-10)。

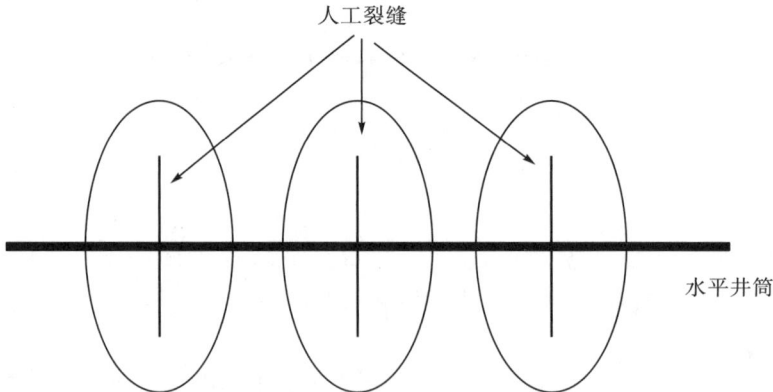

人工裂缝

水平井筒

图 5-8　人工裂缝未干扰示意图

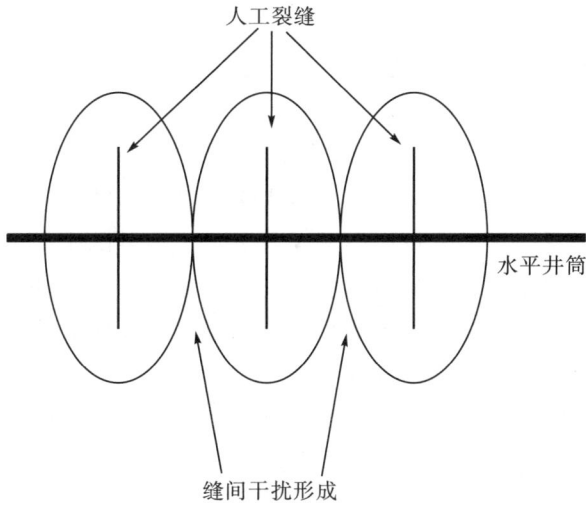

图 5-9　人工裂缝缝间干扰形成示意图

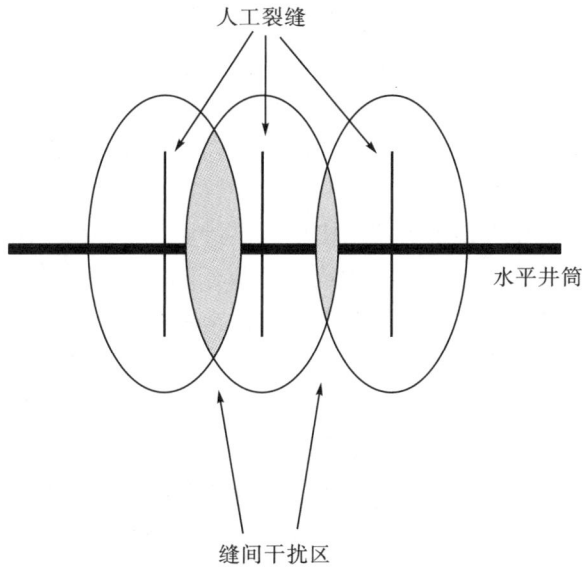

图 5-10　人工裂缝缝间干扰区示意图

通过计算各条人工裂缝的控制半径，可以判定人工裂缝之间是否存在相互干扰[75]。基于裂缝性气藏的水平井压后人工裂缝控制半径的计算公式为

$$R(t) = 2\left[K_f t / \overline{\mu}\left(\phi_m C_m + \phi_f C_f\right)\right]^{0.5} \tag{5-1}$$

式中，$R(t)$——人工裂缝的控制半径，m；

　　　K_f——天然裂缝系统的渗透率，μm^2；

　　　t——生产时间，s；

　　　$\overline{\mu}$——平均压力和温度下的气体黏度，Pa·s；

ϕ_m——基质系统孔隙度，无因次；

C_m——基质系统的综合压缩系数，$1/Pa$；

ϕ_f——天然裂缝系统孔隙度，无因次；

C_f——天然裂缝系统的综合压缩系数，$1/Pa$。

若人工裂缝的控制半径大于相邻两条人工裂缝间距的一半时，就认为人工裂缝之间发生了干扰现象。气井投产初期，各条人工裂缝的生产条件相同，可以认为没有相互干扰现象发生，但是时间较短。而在生产的中后期，多条人工裂缝之间必然存在着相互干扰的现象，因而在推导水平井分段压裂产量预测模型的过程中必须考虑人工裂缝间的相互干扰现象。

边界情况的不同会对分段压裂水平井的生产产生极大的影响，对于具有封闭边界的裂缝性致密气藏而言，水平井分段压裂后的渗流过程可以划分为如下三个阶段。

①不稳定渗流早期，为压力波传到封闭边界之前的时期，在此阶段裂缝性气藏中的渗流可以等效为在无限大双重介质气藏中的渗流。

②不稳定渗流晚期，当地层压力波传到封闭边界之后，由于没有能量补给，边界压力开始不断下降，渗流进入不稳定晚期阶段。

③拟稳定渗流时期，随着生产时间的延长，当地层中压降速度为常数时，渗流进入了拟稳定流动阶段。

现有的水平井分段压裂产量预测模型都是针对压裂后某一单一渗流过程展开研究，而对于具有封闭边界的裂缝性致密气藏，同时考虑三个渗流阶段的压后产量预测研究则很少被提及。因而若要更加准确地掌握分段压裂水平气井的生产动态，就需要建立考虑渗流过程更为全面的压后产量预测模型。此外，天然裂缝的存在也会对渗流过程产生极大的影响，这在以往模型中也并未被充分考虑。为此，本章在 Warren-Root 模型（如图 5-11）的基础上，应用复位势理论、势的叠加原理，并结合双重介质气藏渗流理论，推导出了考虑天然裂缝影响的分段压裂水平气井在不稳定渗流早期、不稳定渗流晚期、拟稳定渗流时期的产量预测模型，并研究了模型的解法。

5.2　假设条件及物理模型

具体假设条件如下：

①双重介质气藏均质且各向同性，封闭外边界；

②忽略气层内温度变化与重力作用；

③忽略气体在基质系统中的流动，基质系统仅作为"源"，向天然裂缝系统

发生窜流，并不直接向水平井筒供气；

④气体在气藏和人工裂缝中的流动均为单相流动，且满足达西定律；

⑤渗流过程根据生产时间分为不稳定渗流早期、不稳定渗流晚期和拟稳定渗流时期；

⑥压裂裂缝完全穿透产层，各条裂缝左、右两翼不共面且不等长，裂缝间距不相等，裂缝平面与水平井筒夹角为任意角度；

⑦气藏中气体的流动过程为基质—天然裂缝—人工裂缝—水平井筒(图 5-12)。

根据上述假设条件，构建了分段压裂水平井产量预测物理模型，接下来本书将求解相应的数学模型。

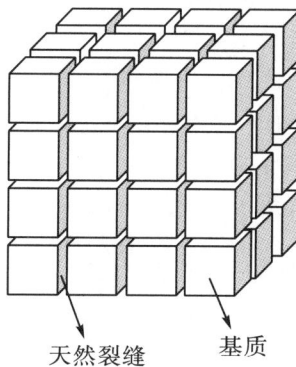

图 5-11　Warren-Root 模型示意图

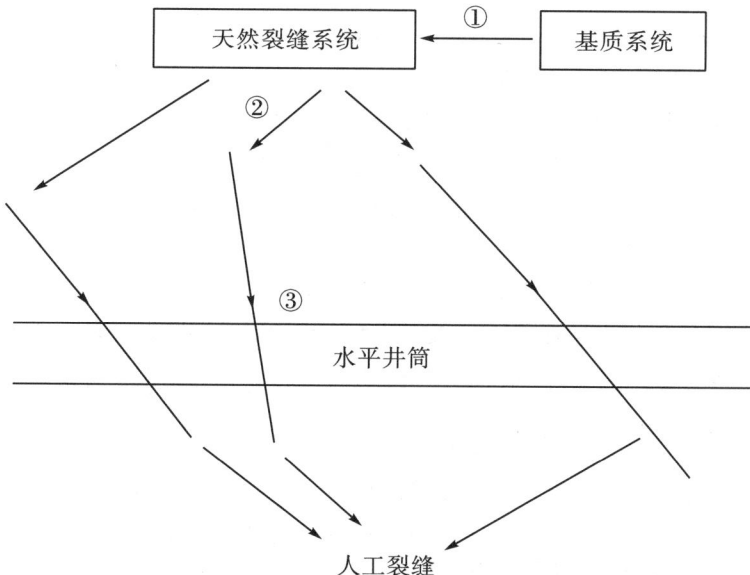

图 5-12　裂缝性致密气藏渗流示意图

5.3 不稳定渗流早期产量预测模型

5.3.1 气体由基质流向天然裂缝的压降模型

1. 运动方程

气体在天然裂缝系统中的流动满足达西定律，其运动方程可表示为[76]

$$\overline{v}_f = -3.6 \frac{K_f}{\overline{\mu}} \nabla p_f \tag{5-2}$$

式中，$\overline{v}_f$——天然裂缝系统中气体的渗流速度，m/h；

$\quad\quad K_f$——天然裂缝系统渗透率，Dc；

$\quad\quad \overline{\mu}$——平均温度和压力下的气体黏度，mPa·s；

$\quad\quad p_f$——天然裂缝系统压力，MPa。

2. 状态方程

天然裂缝系统的状态方程为

$$\rho_f = \frac{M p_f}{\overline{Z} R T} \tag{5-3}$$

基质系统的状态方程为

$$\rho_m = \frac{M p_m}{\overline{Z} R T} \tag{5-4}$$

式中，ρ_f——天然裂缝系统中气体的密度，kg/m^3；

$\quad\quad \rho_m$——基质系统中气体的密度，kg/m^3；

$\quad\quad p_m$——基质系统压力，MPa；

$\quad\quad M$——气体的相对分子质量，kg/ kmol；

$\quad\quad \overline{Z}$——平均温度和压力下的天然气偏差因子，无因次；

$\quad\quad R$——气体常数，$R = 8.314 \times 10^{-3}$MPa·m^3/(kmol·K)；

$\quad\quad T$——气层温度，K。

3. 窜流方程

基质与天然裂缝之间存在压力差异，因此存在气体交换，但是这种气体交换的进行是比较缓慢的，可视其为稳定过程[77]。所以，基质系统向天然裂缝系统的窜流方程可以表示为

$$q_{ex} = \frac{3.6 \alpha K_m \rho_g}{\overline{\mu}} (p_m - p_f) \tag{5-5}$$

式中，q_{ex}——基质系统流向天然裂缝系统的窜流量，kg/(m^3·h)；

$\quad\quad K_m$——基质系统渗透率，Dc；

ρ_g——气体的密度，kg/m^3；

α——形状因子，m^{-2}。

形状因子 α 由正交天然裂缝组数和被切割的基质岩块的大小决定，其计算表达式为

$$\alpha = \frac{4n(n+2)}{L^2} \tag{5-6}$$

式中，L——被切割的基质岩块的特征长度，m；

　　　　n——基质岩块形状的维数，无因次。

4. 连续性方程

天然裂缝系统的连续性方程为

$$\frac{\partial(\phi_f \rho_f)}{\partial t} + \nabla \cdot (\rho_f \vec{v}_f) - q_{ex} = 0 \tag{5-7}$$

基质系统的连续性方程为

$$\frac{\partial(\phi_m \rho_m)}{\partial t} + q_{ex} = 0 \tag{5-8}$$

式中，ϕ_f——天然裂缝系统孔隙度，无因次；

　　　　ϕ_m——基质系统孔隙度，无因次。

5. 微分方程

将式(5-1)~式(5-4)分别代入式(5-6)和(5-7)中就可得到裂缝性致密气藏的渗流微分方程，用压力平方形式表示为

$$\begin{cases} \dfrac{3.6K_f}{\overline{\mu}}\left[\dfrac{1}{r}\dfrac{\partial}{\partial r}\left(r\dfrac{\partial p_f^2}{\partial r}\right)\right] + \dfrac{3.6\alpha K_m}{\overline{\mu}}\left(p_m^2 - p_f^2\right) = \phi_f C_f \dfrac{\partial p_f^2}{\partial t} \\[4mm] -\dfrac{3.6\alpha K_m}{\overline{\mu}}\left(p_m^2 - p_f^2\right) = \phi_m C_m \dfrac{\partial p_m^2}{\partial t} \end{cases} \tag{5-9}$$

其中，

$$C_f = \frac{1}{p_f} - \frac{1}{\overline{Z}}\frac{\partial \overline{Z}}{\partial p_f}$$

$$C_m = \frac{1}{p_m} - \frac{1}{\overline{Z}}\frac{\partial \overline{Z}}{\partial p_m}$$

式中，C_f——天然裂缝系统的综合压缩系数，MPa^{-1}；

　　　　C_m——基质系统的综合压缩系数，MPa^{-1}。

为了得到不稳定早期渗流阶段气体由基质系统流向天然裂缝系统的压降公式，引入以下定解条件。

①初始条件：

$$p_m^2(r,0) = p_f^2(r,0) = p_i^2 \tag{5-10}$$

②内边界条件：

$$r\frac{\partial p_{\mathrm{f}}^2}{\partial r}\bigg|_{r=r_{\mathrm{w}}} = \frac{1.274\times10^{-2}q_{\mathrm{sc}}\bar{\mu}\bar{Z}T}{K_{\mathrm{f}}h} \tag{5-11}$$

③外边界条件：

$$p_{\mathrm{m}}^2(\infty,t) = p_{\mathrm{f}}^2(\infty,t) = p_{\mathrm{i}}^2 \tag{5-12}$$

式中，p_{i}——原始地层压力，MPa；

　　　　r_{w}——水平井筒半径，m；

　　　　q_{sc}——标准状况下的水平气井产量，$10^4\mathrm{m}^3/\mathrm{d}$；

　　　　h——气层厚度，m。

应用试井分析法[78]对上述模型求解，为此引入 $P_1(r,t)=p_{\mathrm{i}}^2-p_{\mathrm{m}}^2$、$P_2(r,t)=p_{\mathrm{i}}^2-p_{\mathrm{f}}^2$，则由式(5-8)～式(5-12)组成的定解问题变换为

$$\begin{cases} \dfrac{3.6K_{\mathrm{f}}}{\bar{\mu}}\left[\dfrac{1}{r}\dfrac{\partial}{\partial r}\left(r\dfrac{\partial P_2}{\partial r}\right)\right] - \dfrac{3.6\alpha K_{\mathrm{m}}}{\bar{\mu}}(P_2-P_1) = \phi_{\mathrm{f}}C_{\mathrm{f}}\dfrac{\partial P_2}{\partial t} \\[3mm] \dfrac{3.6\alpha K_{\mathrm{m}}}{\bar{\mu}}(P_2-P_1) = \phi_{\mathrm{m}}C_{\mathrm{m}}\dfrac{\partial P_1}{\partial t} \\[3mm] P_1(r,0)=P_2(r,0)=0 \\[3mm] r\dfrac{\partial P_2}{\partial r}\bigg|_{r=r_{\mathrm{w}}} = -\dfrac{1.274\times10^{-2}q_{\mathrm{sc}}\bar{\mu}\bar{Z}T}{K_{\mathrm{f}}h} \\[3mm] P_1(\infty,t)=P_2(\infty,t)=0 \end{cases} \tag{5-13}$$

将方程组(5-13)对 t 进行 Laplace 变换，可得

$$\begin{cases} \dfrac{\partial^2\bar{P}_2}{\partial r^2} + \dfrac{1}{r}\dfrac{\partial\bar{P}_2}{\partial r} - \dfrac{\alpha K_{\mathrm{m}}}{K_{\mathrm{f}}}(\bar{P}_2-\bar{P}_1) = \dfrac{\bar{\mu}\phi_{\mathrm{f}}C_{\mathrm{f}}}{3.6K_{\mathrm{f}}}s\bar{P}_2 \\[3mm] 3.6\alpha K_{\mathrm{m}}(\bar{P}_2-\bar{P}_1) = \bar{\mu}\phi_{\mathrm{m}}C_{\mathrm{m}}s\bar{P}_1 \\[3mm] r\dfrac{\partial\bar{P}_2}{\partial r}\bigg|_{r=r_{\mathrm{w}}} = -\dfrac{1.274\times10^{-2}q_{\mathrm{sc}}\bar{\mu}\bar{Z}T}{K_{\mathrm{f}}hs} \\[3mm] \bar{P}_1(\infty,t)=\bar{P}_2(\infty,t)=0 \end{cases} \tag{5-14}$$

求解方程组(5-14)得

$$\bar{P}_2 = \frac{1.274\times10^{-2}q_{\mathrm{sc}}\bar{\mu}\bar{Z}TK_0\left[\sqrt{sf(s)}r\right]}{K_f hsr\sqrt{sf(s)}K_1\left[\sqrt{sf(s)}r\right]} \tag{5-15}$$

其中，

$$f(s)=\frac{\overline{\mu}}{3.6K_{f}}\left[\frac{\overline{\mu}\phi_{m}C_{m}\phi_{f}C_{f}s+3.6\alpha K_{m}\left(\phi_{m}C_{m}+\phi_{f}C_{f}\right)}{\overline{\mu}\phi_{m}C_{m}s+3.6\alpha K_{m}}\right]$$

式中，s——拉普拉斯变量；

$\quad K_{0}(x)$——修正的零阶第二类 Bessel 函数；

$\quad K_{1}(x)$——修正的一阶第二类 Bessel 函数。

当 $sf(s)$ 的值较小的时候，有

$$K_{0}\left[\sqrt{sf(s)}r\right]=-\ln\left[\frac{r}{2}\sqrt{sf(s)}\right]-0.5772 \tag{5-16}$$

$$K_{1}\left[\sqrt{sf(s)}r\right]=\frac{1}{\sqrt{sf(s)}r} \tag{5-17}$$

将式(5-16)、式(5-17)代入式(5-15)得

$$\overline{P}_{2}=\frac{6.37\times10^{-3}q_{sc}\overline{\mu}\overline{Z}T}{K_{f}hs}\left\{\ln\frac{3.6K_{f}}{\overline{\mu}(\phi_{m}C_{m}+\phi_{f}C_{f})r^{2}}+\ln\left[1+\frac{\overline{\mu}\phi_{m}C_{m}\phi_{f}C_{f}s}{3.6\alpha K_{m}(\phi_{m}C_{m}+\phi_{f}C_{f})}\right]\right. \\ \left.-\ln\left(1+\frac{\overline{\mu}\phi_{m}C_{m}s}{3.6\alpha K_{m}}\right)+\ln s+0.2319\right\} \tag{5-18}$$

对上式进行 Laplace 逆变换得

$$P_{2}=\frac{6.37\times10^{-3}q_{sc}\overline{\mu}\overline{Z}T}{K_{f}h}\left[\ln\frac{3.6K_{f}t}{\overline{\mu}(\phi_{m}C_{m}+\phi_{f}C_{f})r^{2}}+E_{i}\left(-\frac{3.6\alpha K_{m}(\phi_{m}C_{m}+\phi_{f}C_{f})t}{\overline{\mu}\phi_{m}C_{m}\phi_{f}C_{f}}\right)\right. \\ \left.-E_{i}\left(-\frac{3.6\alpha K_{m}t}{\overline{\mu}\phi_{m}C_{m}}\right)+0.8091\right] \tag{5-19}$$

其中，$E_{i}(-x)$ 为幂积分函数，其可近似取为

$$E_{i}(-x)\approx\ln x+0.5772 \tag{5-20}$$

则式(5-19)可简化为

$$P_{2}=\frac{6.37\times10^{-3}q_{sc}\overline{\mu}\overline{Z}T}{K_{f}h}\left[\ln\frac{3.6K_{f}t}{\overline{\mu}(\phi_{m}C_{m}+\phi_{f}C_{f})r^{2}}+\ln\frac{\phi_{m}C_{m}+\phi_{f}C_{f}}{\phi_{f}C_{f}}+0.8091\right] \tag{5-21}$$

令 $\eta_{f+m}=\dfrac{3.6K_{f}}{\overline{\mu}(\phi_{m}C_{m}+\phi_{f}C_{f})}$，　$\omega=\dfrac{\phi_{f}C_{f}}{\phi_{m}C_{m}+\phi_{f}C_{f}}$，并代入式(5-21)得

$$P_{2}=\frac{6.37\times10^{-3}q_{sc}\overline{\mu}\overline{Z}T}{K_{f}h}\ln\left(\frac{2.25\eta_{f+m}t}{\omega r^{2}}\right) \tag{5-22}$$

将式(5-22)代入 $P_{2}(r,t)=p_{i}^{2}-p_{f}^{2}$ 得

$$p_{i}^{2}-p_{f}^{2}(r,t)=\frac{6.37\times10^{-3}q_{sc}\overline{\mu}\overline{Z}T}{K_{f}h}\ln\left(\frac{2.25\eta_{f+m}t}{\omega r^{2}}\right) \tag{5-23}$$

为了便于进一步推导之后的模型，将公式(5-23)转化为平面直角坐标的形式

$$p_i^2 - p_f^2(x,y,t) = \frac{6.37 \times 10^{-3} q_{sc} \bar{\mu} \bar{Z} T}{K_f h} \ln\left(\frac{2.25\eta_{f+m}t}{\omega\left[(x-x_0)^2+(y-y_0)^2\right]}\right) \quad (5\text{-}24)$$

考虑体积系数的情况下将式(5-24)转化为

$$p_i^2 - p_f^2(x,y,t) = \frac{6.37 \times 10^{-3} B_g q_{sc} \bar{\mu} \bar{Z} T}{K_f h} \ln\left(\frac{2.25\eta_{f+m}t}{\omega\left[(x-x_0)^2+(y-y_0)^2\right]}\right) \quad (5\text{-}25)$$

式中，$p_f(x,y,t)$——天然裂缝系统中一点(x,y)在t时刻的压力，MPa；

$\quad B_g$——地下气体的体积系数，无因次；

$\quad \eta_{f+m}$——双重介质气藏导压系数，Dc·MPa/（mPa·s）；

$\quad \omega$——弹性储容比，无因次；

$\quad t$——渗流时间，h；

$\quad x_0$、y_0——点汇的坐标，m。

式(5-25)为不稳定早期渗流阶段气体由基质系统流向天然裂缝系统的压降公式，它是不稳定渗流早期产量预测模型推导的基础。

5.3.2 气体由天然裂缝流向人工裂缝的压降模型

在实施压裂措施时，水平井分段压裂会产生多条人工裂缝，每一条人工裂缝与水平井筒所在方向均可能成一定角度，且裂缝两翼可能不在同一平面上，如图5-13所示。

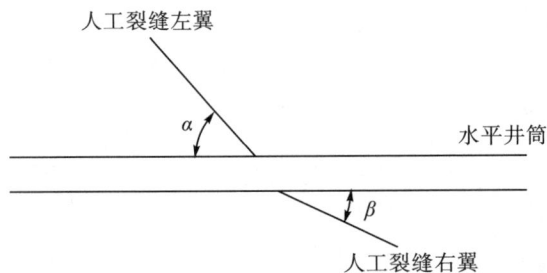

图 5-13 人工裂缝左右两翼与井筒夹角示意图

将人工裂缝左、右两翼均划分为n等份(图5-14)，并把每一等份均看作一个点汇[79]。设水平井筒所在方向为y方向，第k条人工裂缝起裂点坐标为$(0, y_{flk})$，人工裂缝右翼长度为 x_{frk}，人工裂缝右翼平面与水平井井筒方向的夹角为$\beta(k)$（$0 < \beta < 180°$），人工裂缝左翼长度为 x_{flk}，人工裂缝左翼平面与水平井井筒方向的夹角为 $\alpha(k)$（$0 < \alpha < 90°$），人工裂缝左、右两翼与井筒相交处的坐标均为

$(0, y_{fk})$。这样就可以用每一等份的中点坐标将每一个点汇的坐标表示出来(表 5-1)。

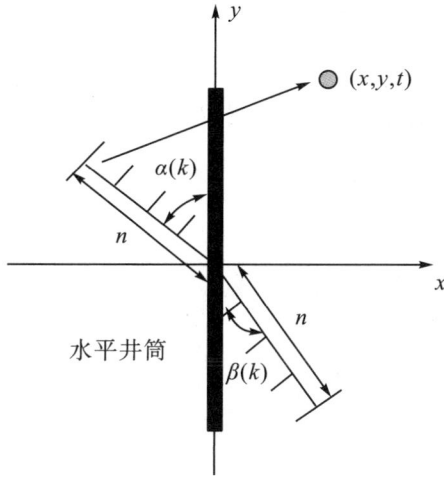

图 5-14 人工裂缝左、右两翼 n 等份示意图

表 5-1 第 k 条人工裂缝上第 j 个点汇坐标表达式

第 k 条人工裂缝	横坐标	纵坐标
左翼上第 j 个点汇	$-\dfrac{1}{2}\left(\dfrac{2n-2j+1}{n}\right)x_{flk}\sin\alpha(k)$	$y_{fk}+\dfrac{1}{2}\left(\dfrac{2n-2j+1}{n}\right)x_{flk}\cos\alpha(k)$
右翼上第 j 个点汇	$\dfrac{1}{2}\left(\dfrac{2j-1}{n}\right)x_{frk}\sin\beta(k)$	$y_{fk}-\dfrac{1}{2}\left(\dfrac{2j-1}{n}\right)x_{frk}\cos\beta(k)$

将第 k 条压裂裂缝左翼上第 j 个点汇的坐标表达式代入式(5-25),得到第 k 条人工裂缝左翼上第 j 个点汇对天然裂缝系统中一点 (x,y) 产生的压力降为

$$p_i^2 - p_f^2(x,y,t) = \frac{6.37\times10^{-3} B_g q_{flkj} \bar{u} \bar{Z} T}{K_f h}$$

$$\times\ln\left(\frac{2.25\eta_{f+m}t}{\omega\left[\left(x+\dfrac{1}{2}\left(\dfrac{2n-2j+1}{n}\right)x_{flk}\sin\alpha(k)\right)^2+\left(y-y_{fk}-\dfrac{1}{2}\left(\dfrac{2n-2j+1}{n}\right)x_{flk}\cos\alpha(k)\right)^2\right]}\right)$$

$$(5\text{-}26)$$

式中, q_{flkj}——第 k 条压裂裂缝左翼上第 j 段的产气量, $10^4\text{m}^3/\text{d}$。

由压降的叠加原理可得,在 t 时刻第 k 条人工裂缝左翼上 n 个点汇共同对天然裂缝系统中一点 (x,y) 产生的压降为

$$p_i^2 - p_f^2(x,y,t) = \sum_{j=1}^{n} \frac{6.37\times10^{-3}B_g q_{flkj}\bar{\mu}\bar{Z}T}{K_f h}$$

$$\ln\left(\frac{2.25\eta_{f+m}t}{\omega\left[\left(x+\frac{1}{2}\left(\frac{2n-2j+1}{n}\right)x_{flk}\sin\alpha(k)\right)^2 + \left(y-y_{fk}-\frac{1}{2}\left(\frac{2n-2j+1}{n}\right)x_{flk}\cos\alpha(k)\right)^2\right]}\right)$$

$$(5\text{-}27)$$

同理可得到 t 时刻第 k 条人工裂缝右翼上 n 个点汇共同对天然裂缝系统中一点 (x,y) 产生的压降为

$$p_i^2 - p_f^2(x,y,t) = \sum_{j=1}^{n} \frac{6.37\times10^{-3}B_g q_{frkj}\bar{\mu}\bar{Z}T}{K_f h}$$

$$\ln\left(\frac{2.25\eta_{f+m}t}{\omega\left[\left(x+\frac{1}{2}\left(\frac{2n-2j+1}{n}\right)x_{flk}\sin\alpha(k)\right)^2 + \left(y-y_{fk}-\frac{1}{2}\left(\frac{2n-2j+1}{n}\right)x_{flk}\cos\alpha(k)\right)^2\right]}\right)$$

$$(5\text{-}28)$$

式中，q_{frkj}——第 k 条压裂裂缝右翼上第 j 段的产气量，$10^4\text{m}^3/\text{d}$。

联立式(5-27)和式(5-28)就可得到第 k 条人工裂缝在 t 时刻对天然裂缝系统中任一点 (x,y) 产生的压降：

$$p_i^2 - p_f^2(x,y,t)$$
$$= \sum_{j=1}^{n} \frac{6.37\times10^{-3}B_g q_{flkj}\bar{\mu}\bar{Z}T}{K_f h}$$

$$\ln\left(\frac{2.25\eta_{f+m}t}{\omega\left[\left(x+\frac{1}{2}\left(\frac{2n-2j+1}{n}\right)x_{flk}\sin\alpha(k)\right)^2 + \left(y-y_{fk}-\frac{1}{2}\left(\frac{2n-2j+1}{n}\right)x_{flk}\cos\alpha(k)\right)^2\right]}\right)$$

$$+ \sum_{j=1}^{n} \frac{6.37\times10^{-3}B_g q_{frkj}\bar{\mu}\bar{Z}T}{K_f h}$$

$$\ln\left(\frac{2.25\eta_{f+m}t}{\omega\left[\left(x-\frac{1}{2}\left(\frac{2j-1}{n}\right)x_{frk}\sin\beta(k)\right)^2 + \left(y-y_{fk}+\frac{1}{2}\left(\frac{2j-1}{n}\right)x_{frk}\cos\beta(k)\right)^2\right]}\right)$$

$$(5\text{-}29)$$

根据势叠加原理可知，把每一条人工裂缝在点 (x,y) 处产生的压降相加，就能够得到在 t 时刻 N 条人工裂缝同时生产时对天然裂缝系统中一点 (x,y) 产生的总压降：

$$
\begin{aligned}
&p_i^2 - p_f^2\left(x,y,t\right)\\
&= \sum_{k=1}^{N}\left[\sum_{j=1}^{n}\frac{6.37\times10^{-3}B_g q_{flkj}\bar{\mu}\bar{Z}T}{K_f h}\right.\\
&\quad \times \ln\left(\frac{2.25\eta_{f+m}t}{\omega\left[\left(x+\dfrac{1}{2}\left(\dfrac{2n-2j+1}{n}\right)x_{flk}\sin\alpha(k)\right)^2+\left(y-y_{fk}-\dfrac{1}{2}\left(\dfrac{2n-2j+1}{n}\right)x_{flk}\cos\alpha(k)\right)^2\right]}\right)\\
&\quad +\sum_{j=1}^{n}\frac{6.37\times10^{-3}B_g q_{frkj}\bar{\mu}\bar{Z}T}{K_f h}\\
&\quad \left.\times \ln\left(\frac{2.25\eta_{f+m}t}{\omega\left[\left(x-\dfrac{1}{2}\left(\dfrac{2j-1}{n}\right)x_{frk}\sin\beta(k)\right)^2+\left(y-y_{fk}+\dfrac{1}{2}\left(\dfrac{2j-1}{n}\right)x_{frk}\cos\beta(k)\right)^2\right]}\right)\right]
\end{aligned}
$$

$$(5\text{-}30)$$

随着生产时间的增加，同时生产的多条人工裂缝会在一定区域内形成一定范围的干扰区域，即缝间干扰区(图 5-10)。在模型的进一步推导过程中，必须充分地考虑人工裂缝之间的这种干扰现象的影响，因此，需要应用压降叠加原则来计算多条人工裂缝下的分段压裂水平气井产量。

气体从天然裂缝系统流向人工裂缝的汇入点为人工裂缝的尖端，因而需要推导出人工裂缝尖端的压力表达式。设第 i 条压裂裂缝左翼尖端处的压力和右翼尖端处的压力分别为 p_{fli} 和 p_{fri}，则第 i 条人工裂缝左翼尖端和右翼尖端处的坐标如表 5-2 所示。

表 5-2　第 i 条人工裂缝左右尖端坐标表达式

第 i 条人工裂缝	横坐标	纵坐标
左翼尖端	$-\left(1-\dfrac{1}{2n}\right)x_{fli}\sin\alpha(i)$	$y_{fi}+\left(1-\dfrac{1}{2n}\right)x_{fli}\cos\alpha(i)$
右翼尖端	$\left(1-\dfrac{1}{2n}\right)x_{fri}\sin\beta(i)$	$y_{fi}-\left(1-\dfrac{1}{2n}\right)x_{fri}\cos\beta(i)$

将第 i 条人工裂缝左翼尖端坐标代入式(5-30)，就可得到 t 时刻第 i 条人工裂缝左翼尖端处产生的压降：

$$p_i^2 - p_{fli}^2(x,y,t)$$

$$= \sum_{k=1}^{N} \left[\sum_{j=1}^{n} \frac{6.37 \times 10^{-3} B_g q_{flkj} \bar{\mu} \bar{Z} T}{K_f h} \right.$$

$$\times \left(\ln(2.25\eta_{f+m}t) - \ln\left\{ \omega\left[\left(-\left(1-\frac{1}{2n}\right)x_{fli}\sin\alpha(i) + \frac{1}{2}\left(\frac{2n-2j+1}{n}\right)x_{flk}\sin\alpha(k) \right)^2 \right.\right.\right.$$

$$\left.\left.\left. + \left(y_{fi} + \left(1-\frac{1}{2n}\right)x_{fli}\cos\alpha(i) - y_{fk} - \frac{1}{2}\left(\frac{2n-2j+1}{n}\right)x_{flk}\cos\alpha(k) \right)^2 \right] \right\} \right)$$

$$+ \sum_{j=1}^{n} \frac{6.37 \times 10^{-3} B_g q_{frkj} \bar{\mu} \bar{Z} T}{K_f h}$$

$$\times \left(\ln(2.25\eta_{f+m}t) - \ln\left\{ \omega\left[\left(-\left(1-\frac{1}{2n}\right)x_{fli}\sin\alpha(i) - \frac{1}{2}\left(\frac{2j-1}{n}\right)x_{frk}\sin\beta(k) \right)^2 \right.\right.\right.$$

$$\left.\left.\left.\left. + \left(y_{fi} + \left(1-\frac{1}{2n}\right)x_{fli}\cos\alpha(i) - y_{fk} + \frac{1}{2}\left(\frac{2j-1}{n}\right)x_{frk}\cos\beta(k) \right)^2 \right] \right\} \right) \right]$$

$$(5\text{-}31)$$

同理，将第 i 条人工裂缝右翼尖端坐标代入式(5-30)，就可得到 t 时刻第 i 条人工裂缝右翼尖端处产生的压降：

$$p_i^2 - p_{fri}^2(x,y,t)$$

$$= \sum_{k=1}^{N} \left[\sum_{j=1}^{n} \frac{6.37 \times 10^{-3} B_g q_{flkj} \bar{\mu} \bar{Z} T}{K_f h} \right.$$

$$\times \left(\ln(2.25\eta_{f+m}t) - \ln\left\{ \omega\left[\left(\left(1-\frac{1}{2n}\right)x_{fri}\sin\beta(i) + \frac{1}{2}\left(\frac{2n-2j+1}{n}\right)x_{flk}\sin\alpha(k) \right)^2 \right.\right.\right.$$

$$\left.\left.\left. + \left(y_{fi} - \left(1-\frac{1}{2n}\right)x_{fri}\cos\beta(i) - y_{fk} - \frac{1}{2}\left(\frac{2n-2j+1}{n}\right)x_{flk}\cos\alpha(k) \right)^2 \right] \right\} \right) \quad (5\text{-}32)$$

$$+ \sum_{j=1}^{n} \frac{6.37 \times 10^{-3} B_g q_{frkj} \bar{\mu} \bar{Z} T}{K_f h}$$

$$\times \left(\ln(2.25\eta_{f+m}t) - \ln\left\{ \omega\left[\left(\left(1-\frac{1}{2n}\right)x_{fri}\sin\beta(i) - \frac{1}{2}\left(\frac{2j-1}{n}\right)x_{frk}\sin\beta(k) \right)^2 \right.\right.\right.$$

$$\left.\left.\left.\left. + \left(y_{fi} - \left(1-\frac{1}{2n}\right)x_{fri}\cos\beta(i) - y_{fk} + \frac{1}{2}\left(\frac{2j-1}{n}\right)x_{frk}\cos\beta(k) \right)^2 \right] \right\} \right) \right]$$

由于人工裂缝左、右两翼并不一定是关于水平井筒对称，因此取裂缝左、右

翼尖端处压力平方的平均值 p^2 作为人工裂缝尖端处的压力平方，则有

$$
\begin{aligned}
&p^2\left(x,y,t\right)\\
&=\frac{p_{\mathrm{fli}}^2\left(x,y,t\right)+p_{\mathrm{fri}}^2\left(x,y,t\right)}{2}\\
&=p_{\mathrm{i}}^2-\frac{1}{2}\Bigg\{\sum_{k=1}^{N}\Bigg[\sum_{j=1}^{n}\frac{6.37\times10^{-3}B_{\mathrm g}q_{\mathrm{flk}j}\bar\mu\bar ZT}{K_{\mathrm f}h}\\
&\quad\times\Bigg(\ln\left(2.25\eta_{\mathrm{f+m}}t\right)-\ln\Bigg\{\omega\Bigg[\left(-\left(1-\frac{1}{2n}\right)x_{\mathrm{fli}}\sin\alpha(i)+\frac{1}{2}\left(\frac{2n-2j+1}{n}\right)x_{\mathrm{flk}}\sin\alpha(k)\right)^2\\
&\quad+\left(y_{\mathrm{fi}}+\left(1-\frac{1}{2n}\right)x_{\mathrm{fli}}\cos\alpha(i)-y_{\mathrm{fk}}-\frac{1}{2}\left(\frac{2n-2j+1}{n}\right)x_{\mathrm{flk}}\cos\alpha(k)\right)^2\Bigg]\Bigg\}\Bigg)\\
&\quad+\sum_{j=1}^{n}\frac{6.37\times10^{-3}B_{\mathrm g}q_{\mathrm{frk}j}\bar\mu\bar ZT}{K_{\mathrm f}h}\\
&\quad\times\Bigg(\ln\left(2.25\eta_{\mathrm{f+m}}t\right)-\ln\Bigg\{\omega\Bigg[\left(-\left(1-\frac{1}{2n}\right)x_{\mathrm{fli}}\sin\alpha(i)-\frac{1}{2}\left(\frac{2j-1}{n}\right)x_{\mathrm{frk}}\sin\beta(k)\right)^2\\
&\quad+\left(y_{\mathrm{fi}}+\left(1-\frac{1}{2n}\right)x_{\mathrm{fli}}\cos\alpha(i)-y_{\mathrm{fk}}+\frac{1}{2}\left(\frac{2j-1}{n}\right)x_{\mathrm{frk}}\cos\beta(k)\right)^2\Bigg]\Bigg\}\Bigg)\Bigg]\\
&\quad+\sum_{k=1}^{N}\Bigg[\sum_{j=1}^{n}\frac{6.37\times10^{-3}B_{\mathrm g}q_{\mathrm{flk}j}\bar\mu\bar ZT}{K_{\mathrm f}h}\\
&\quad\times\Bigg(\ln\left(2.25\eta_{\mathrm{f+m}}t\right)-\ln\Bigg\{\omega\Bigg[\left(\left(1-\frac{1}{2n}\right)x_{\mathrm{fri}}\sin\beta(i)+\frac{1}{2}\left(\frac{2n-2j+1}{n}\right)x_{\mathrm{flk}}\sin\alpha(k)\right)^2\\
&\quad+\left(y_{\mathrm{fi}}-\left(1-\frac{1}{2n}\right)x_{\mathrm{fri}}\cos\beta(i)-y_{\mathrm{fk}}-\frac{1}{2}\left(\frac{2n-2j+1}{n}\right)x_{\mathrm{flk}}\cos\alpha(k)\right)^2\Bigg]\Bigg\}\Bigg)\\
&\quad+\sum_{j=1}^{n}\frac{6.37\times10^{-3}B_{\mathrm g}q_{\mathrm{frk}j}\bar\mu\bar ZT}{K_{\mathrm f}h}\\
&\quad\times\Bigg(\ln\left(2.25\eta_{\mathrm{f+m}}t\right)-\ln\Bigg\{\omega\Bigg[\left(\left(1-\frac{1}{2n}\right)x_{\mathrm{fri}}\sin\beta(i)-\frac{1}{2}\left(\frac{2j-1}{n}\right)x_{\mathrm{frk}}\sin\beta(k)\right)^2\\
&\quad+\left(y_{\mathrm{fi}}-\left(1-\frac{1}{2n}\right)x_{\mathrm{fri}}\cos\beta(i)-y_{\mathrm{fk}}+\frac{1}{2}\left(\frac{2j-1}{n}\right)x_{\mathrm{frk}}\cos\beta(k)\right)^2\Bigg]\Bigg\}\Bigg)\Bigg]\Bigg\}
\end{aligned}
$$

$$(5-33)$$

5.3.3　不稳定早期产量预测模型

设第 k 条人工裂缝的产气量为 $q_{\text{f}k}$，则第 k 条人工裂缝左右翼的产气量可分别表示为

$$q_{\text{fl}k}=\frac{x_{\text{fl}k}}{x_{\text{fl}k}+x_{\text{fr}k}}q_{\text{f}k}\ ,\quad q_{\text{fr}k}=\frac{x_{\text{fr}k}}{x_{\text{fl}k}+x_{\text{fr}k}}q_{\text{f}k} \tag{5-34}$$

因此，第 k 条人工裂缝左翼和右翼上第 j 段产气量可分别表示为

$$q_{\text{fl}kj}=\frac{x_{\text{fl}k}}{n\left(x_{\text{fl}k}+x_{\text{fr}k}\right)}q_{\text{f}k}\ ,\quad q_{\text{fr}kj}=\frac{x_{\text{fr}k}}{n\left(x_{\text{fl}k}+x_{\text{fr}k}\right)}q_{\text{f}k} \tag{5-35}$$

将式(5-35)代入式(5-33)可得

$$
\begin{aligned}
&p_{\text{i}}^{2}-p^{2}\left(x,y,t\right)\\
&=\frac{1}{2}\Bigg\{\sum_{k=1}^{N}\Bigg[\sum_{j=1}^{n}\frac{6.37\times10^{-3}B_{\text{g}}x_{\text{fl}k}q_{\text{f}k}\bar{\mu}\bar{Z}T}{n\left(x_{\text{fl}k}+x_{\text{fr}k}\right)K_{\text{f}}h}\\
&\quad\times\Bigg(\ln\left(2.25\eta_{\text{f+m}}t\right)-\ln\Bigg\{\omega\Bigg[\left(-\left(1-\frac{1}{2n}\right)x_{\text{fl}i}\sin\alpha(i)+\frac{1}{2}\left(\frac{2n-2j+1}{n}\right)x_{\text{fl}k}\sin\alpha(k)\right)^{2}\\
&\quad+\left(y_{\text{f}i}+\left(1-\frac{1}{2n}\right)x_{\text{fl}i}\cos\alpha(i)-y_{\text{f}k}-\frac{1}{2}\left(\frac{2n-2j+1}{n}\right)x_{\text{fl}k}\cos\alpha(k)\right)^{2}\Bigg]\Bigg\}\Bigg)\\
&\quad+\sum_{j=1}^{n}\frac{6.37\times10^{-3}B_{\text{g}}x_{\text{fr}k}q_{\text{f}k}\bar{\mu}\bar{Z}T}{n\left(x_{\text{fl}k}+x_{\text{fr}k}\right)K_{\text{f}}h}\\
&\quad\times\Bigg(\ln\left(2.25\eta_{\text{f+m}}t\right)-\ln\Bigg\{\omega\Bigg[\left(-\left(1-\frac{1}{2n}\right)x_{\text{fl}i}\sin\alpha(i)-\frac{1}{2}\left(\frac{2j-1}{n}\right)x_{\text{fr}k}\sin\beta(k)\right)^{2}\\
&\quad+\left(y_{\text{f}i}+\left(1-\frac{1}{2n}\right)x_{\text{fl}i}\cos\alpha(i)-y_{\text{f}k}+\frac{1}{2}\left(\frac{2j-1}{n}\right)x_{\text{fr}k}\cos\beta(k)\right)^{2}\Bigg]\Bigg\}\Bigg)\Bigg]\\
&\quad+\sum_{k=1}^{N}\Bigg[\sum_{j=1}^{n}\frac{6.37\times10^{-3}B_{\text{g}}x_{\text{fl}k}q_{\text{f}k}\bar{\mu}\bar{Z}T}{n\left(x_{\text{fl}k}+x_{\text{fr}k}\right)K_{\text{f}}h}\\
&\quad\times\Bigg(\ln\left(2.25\eta_{\text{f+m}}t\right)-\ln\Bigg\{\omega\Bigg[\left(\left(1-\frac{1}{2n}\right)x_{\text{fr}i}\sin\beta(i)+\frac{1}{2}\left(\frac{2n-2j+1}{n}\right)x_{\text{fl}k}\sin\alpha(k)\right)^{2}\\
&\quad+\left(y_{\text{f}i}-\left(1-\frac{1}{2n}\right)x_{\text{fr}i}\cos\beta(i)-y_{\text{f}k}-\frac{1}{2}\left(\frac{2n-2j+1}{n}\right)x_{\text{fl}k}\cos\alpha(k)\right)^{2}\Bigg]\Bigg\}
\end{aligned}
$$

$$+\sum_{j=1}^{n}\frac{6.37\times10^{-3}B_{g}x_{frk}q_{fk}\bar{\mu}\bar{Z}T}{n\left(x_{flk}+x_{frk}\right)K_{f}h}$$

$$\times\left(\ln\left(2.25\eta_{f+m}t\right)-\ln\left\{\omega\left[\left(\left(1-\frac{1}{2n}\right)x_{fri}\sin\beta(i)-\frac{1}{2}\left(\frac{2j-1}{n}\right)x_{frk}\sin\beta(k)\right)^{2}\right.\right.\right.$$

$$\left.\left.\left.+\left(y_{fi}-\left(1-\frac{1}{2n}\right)x_{fri}\cos\beta(i)-y_{fk}+\frac{1}{2}\left(\frac{2j-1}{n}\right)x_{frk}\cos\beta(k)\right)^{2}\right]\right\}\right)\right\}$$

$$(5-36)$$

由于水平井筒的半径远小于人工裂缝的半长，所以气体由人工裂缝向水平井筒的流动可以看做是气体从人工裂缝尖端流入，再经过人工裂缝到达水平井筒的过程。由面积相等原则有 $\left(x_{fli}+x_{fri}\right)h=\pi r_{i}^{2}$（$r_i$ 为气藏当量半径），则可以将第 i 条人工裂缝的流动看做是在井底流压为水平井筒内压力 p_{wfi}，边界压力为人工裂缝尖端处压力 $p\left(x_{fi},y_{fi},t\right)$，气藏厚度为人工裂缝宽度 w_i，流动半径为气藏当量半径 r_i 下的平面径向流[80]。因此，气体从人工裂缝流向水平井筒的过程可以表示为

$$p^{2}\left(x,y,t\right)-p_{wfi}^{2}=\frac{1.291\times10^{-3}B_{g}q_{fi}\bar{\mu}\bar{Z}T}{K_{fli}w_{i}}\left(\ln\frac{\sqrt{\dfrac{\left(x_{fli}+x_{fri}\right)h}{\pi}}}{r_{w}}+s\right)\quad(5-37)$$

式中，q_{fi}——第 i 条人工裂缝的产气量，$10^4\text{m}^3/\text{d}$；

　　　K_{fli}——第 i 条人工裂缝的渗透率，Dc；

　　　w_i——第 i 条人工裂缝的宽度，mm；

　　　h——气藏厚度，m；

　　　s——表皮系数，无因次。

由于气体在水平井筒内流动时压降损失对水平井分段压裂产量影响极小，故人工裂缝底部压力可近似认为与井底流压相等，则 $p_{wf1}=p_{wf2}=\cdots=p_{wfN}=p_{wf}$，再联立式(5-36)和式(5-37)就可以得到分段压裂水平气井在不稳定渗流早期的产量预测模型：

$$p_{i}^{2}-p_{wf}^{2}$$

$$=\frac{1}{2}\left\{\sum_{k=1}^{N}\left[\sum_{j=1}^{n}\frac{6.37\times10^{-3}B_{g}x_{flk}q_{fk}\bar{\mu}\bar{Z}T}{n\left(x_{flk}+x_{frk}\right)K_{f}h}\right.\right.$$

$$\times\left(\ln\frac{2.25\eta_{f+m}t}{\omega}-\ln\left\{\left[\left(-\left(1-\frac{1}{2n}\right)x_{fli}\sin\alpha(i)+\frac{1}{2}\left(\frac{2n-2j+1}{n}\right)x_{flk}\sin\alpha(k)\right)^{2}\right.\right.$$

$$+\left(y_{fi}+\left(1-\frac{1}{2n}\right)x_{fli}\cos\alpha(i)-y_{fk}-\frac{1}{2}\left(\frac{2n-2j+1}{n}\right)x_{flk}\cos\alpha(k)\right)^2\Bigg]\Bigg\}\Bigg)$$

$$+\sum_{j=1}^{n}\frac{6.37\times10^{-3}B_g x_{frk}q_{fk}\bar{\mu}\bar{Z}T}{n(x_{flk}+x_{frk})K_f h}$$

$$\times\left(\ln\frac{2.25\eta_{f+m}t}{\omega}-\ln\left\{\left[\left(-\left(1-\frac{1}{2n}\right)x_{fli}\sin\alpha(i)-\frac{1}{2}\left(\frac{2j-1}{n}\right)x_{frk}\sin\beta(k)\right)^2\right.\right.\right.$$

$$\left.\left.\left.+\left(y_{fi}+\left(1-\frac{1}{2n}\right)x_{fli}\cos\alpha(i)-y_{fk}+\frac{1}{2}\left(\frac{2j-1}{n}\right)x_{frk}\cos\beta(k)\right)^2\right]\right\}\right)\Bigg]$$

$$+\sum_{k=1}^{N}\left[\sum_{j=1}^{n}\frac{6.37\times10^{-3}B_g x_{flk}q_{fk}\bar{\mu}\bar{Z}T}{n(x_{flk}+x_{frk})K_f h}\right.$$

$$\times\left(\ln\frac{2.25\eta_{f+m}t}{\omega}-\ln\left\{\left[\left(\left(1-\frac{1}{2n}\right)x_{fri}\sin\beta(i)+\frac{1}{2}\left(\frac{2n-2j+1}{n}\right)x_{flk}\sin\alpha(k)\right)^2\right.\right.\right.$$

$$\left.\left.\left.+\left(y_{fi}-\left(1-\frac{1}{2n}\right)x_{fri}\cos\beta(i)-y_{fk}-\frac{1}{2}\left(\frac{2n-2j+1}{n}\right)x_{flk}\cos\alpha(k)\right)^2\right]\right\}\right)$$

$$+\sum_{j=1}^{n}\frac{6.37\times10^{-3}B_g x_{frk}q_{fk}\bar{\mu}\bar{Z}T}{n(x_{flk}+x_{frk})K_f h}$$

$$\times\left(\ln\frac{2.25\eta_{f+m}t}{\omega}-\ln\left\{\left[\left(\left(1-\frac{1}{2n}\right)x_{fri}\sin\beta(i)-\frac{1}{2}\left(\frac{2j-1}{n}\right)x_{frk}\sin\beta(k)\right)^2\right.\right.\right.$$

$$\left.\left.\left.+\left(y_{fi}-\left(1-\frac{1}{2n}\right)x_{fri}\cos\beta(i)-y_{fk}+\frac{1}{2}\left(\frac{2j-1}{n}\right)x_{frk}\cos\beta(k)\right)^2\right]\right\}\right)\Bigg]\Bigg\}$$

$$+\frac{1.291\times10^{-3}B_g q_{fi}\bar{\mu}\bar{Z}T}{K_i w_i}\left(\ln\frac{\sqrt{\frac{(x_{fli}+x_{fri})h}{\pi}}}{r_w}+s\right)$$

$$(5-38)$$

式(5-38)是一个含有 N 个未知数和 N 个方程的方程组，可以采用迭代法封闭求解。由于水平井筒除了与人工裂缝相交处外，其余部分均为封闭的，因此分段压裂水平气井在不稳定渗流早期的总产量可以表示为

$$Q=\sum_{k=1}^{N}q_{fk} \qquad (5-39)$$

5.4　不稳定渗流晚期产量预测模型

5.4.1　气体由基质流向天然裂缝的压降模型

当地层压力波传到气藏封闭边界之后，渗流进入不稳定晚期。不稳定渗流晚期与不稳定渗流早期的的渗流微分方程是一样的，用压力平方形式表示为

$$\frac{3.6K_{\mathrm{f}}}{\overline{\mu}}\left[\frac{1}{r}\frac{\partial}{\partial r}\left(r\frac{\partial p_{\mathrm{f}}^2}{\partial r}\right)\right]+\frac{3.6\alpha K_{\mathrm{m}}}{\overline{\mu}}\left(p_{\mathrm{m}}^2-p_{\mathrm{f}}^2\right)=\phi_{\mathrm{f}}C_{\mathrm{f}}\frac{\partial p_{\mathrm{f}}^2}{\partial t} \tag{5-40}$$

$$-\frac{3.6\alpha K_{\mathrm{m}}}{\overline{\mu}}\left(p_{\mathrm{m}}^2-p_{\mathrm{f}}^2\right)=\phi_{\mathrm{m}}C_{\mathrm{m}}\frac{\partial p_{\mathrm{m}}^2}{\partial t} \tag{5-41}$$

其中，

$$C_{\mathrm{f}}=\frac{1}{p_{\mathrm{f}}}-\frac{1}{\overline{Z}}\frac{\partial \overline{Z}}{\partial p_{\mathrm{f}}}$$

$$C_{\mathrm{m}}=\frac{1}{p_{\mathrm{m}}}-\frac{1}{\overline{Z}}\frac{\partial \overline{Z}}{\partial p_{\mathrm{m}}}$$

为了得到不稳定晚期渗流阶段气体由基质系统流向天然裂缝系统的压降公式，引入以下定解条件。

①初始条件：

$$p_{\mathrm{m}}^2\left(r,0\right)=p_{\mathrm{f}}^2\left(r,0\right)=p_{\mathrm{i}}^2 \tag{5-42}$$

②内边界条件：

$$\left.\frac{\partial p_{\mathrm{f}}^2}{\partial r}\right|_{r=r_{\mathrm{w}}}=\frac{1.274\times10^{-2}q_{\mathrm{sc}}\overline{\mu}\overline{Z}T}{K_{\mathrm{f}}hr_{\mathrm{w}}} \tag{5-43}$$

③外边界条件：

$$\left.\frac{\partial p_{\mathrm{f}}^2}{\partial r}\right|_{r=r_{\mathrm{e}}}=0 \tag{5-44}$$

式中，r_{e}——气藏边界半径，m；

采用分离变量法对上述模型求解，为此作如下分解：

$$\begin{cases} p_{\mathrm{m}}^2(r,t)=f_1(r)-\theta t+u_1(r,t) \\ p_{\mathrm{f}}^2(r,t)=f_2(r)-\theta t+u_2(r,t) \end{cases} \tag{5-45}$$

其中，$f_1(r)$、$f_2(r)$，$u_1(r,t)$、$u_2(r,t)$分别为以下两个方程组的解：

$$\begin{cases} \dfrac{1}{r}\dfrac{\partial}{\partial r}\left(r\dfrac{\partial f_2}{\partial r}\right)+\dfrac{\alpha K_{\mathrm{m}}}{K_{\mathrm{f}}}\left(f_1-f_2\right)=-\dfrac{\bar{\mu}\phi_{\mathrm{f}}C_{\mathrm{f}}}{3.6K_{\mathrm{f}}}\theta \\[2mm] 3.6\alpha K_{\mathrm{m}}\left(f_1-f_2\right)=\bar{\mu}\phi_{\mathrm{m}}C_{\mathrm{m}}\theta \\[2mm] \dfrac{\partial f_2}{\partial r}\bigg|_{r=r_{\mathrm{e}}}=0 \\[2mm] \dfrac{\partial f_2}{\partial r}\bigg|_{r=r_{\mathrm{w}}}=-\dfrac{1.274\times10^{-2}q_{\mathrm{sc}}\bar{\mu}\bar{Z}T}{K_{\mathrm{f}}hr_{\mathrm{w}}} \end{cases} \tag{5-46}$$

$$\begin{cases} \dfrac{1}{r}\dfrac{\partial}{\partial r}\left(r\dfrac{\partial u_2}{\partial r}\right)+\dfrac{\alpha K_{\mathrm{m}}}{K_{\mathrm{f}}}\left(u_1-u_2\right)=\dfrac{\bar{\mu}\phi_{\mathrm{f}}C_{\mathrm{f}}}{3.6K_{\mathrm{f}}}\dfrac{\partial u_2}{\partial t} \\[2mm] -3.6\alpha K_{\mathrm{m}}\left(f_1-f_2\right)=\bar{\mu}\phi_{\mathrm{m}}C_{\mathrm{m}}\dfrac{\partial u_1}{\partial t} \\[2mm] \dfrac{\partial u_2}{\partial r}\bigg|_{r=r_{\mathrm{e}}}=0 \\[2mm] \dfrac{\partial u_2}{\partial r}\bigg|_{r=r_{\mathrm{w}}}=0 \\[2mm] u_1\big|_{t=0}=p_{\mathrm{i}}^2-f_1 \\[2mm] u_2\big|_{t=0}=p_{\mathrm{i}}^2-f_2 \end{cases} \tag{5-47}$$

方程组(5-46)为定常问题，易于求解，可得

$$\begin{cases} f_2(r)=\dfrac{1.274\times10^{-2}q_{\mathrm{sc}}\bar{\mu}\bar{Z}T}{K_{\mathrm{f}}h(r_{\mathrm{e}}^2-r_{\mathrm{w}}^2)}\left(r_{\mathrm{e}}^2\ln r-\dfrac{r^2}{2}\right) \\[3mm] \theta=\dfrac{9.173\times10^{-2}q_{\mathrm{sc}}\bar{Z}T}{h\left(\phi_{\mathrm{m}}C_{\mathrm{m}}+\phi_{\mathrm{f}}C_{\mathrm{f}}\right)(r_{\mathrm{e}}^2-r_{\mathrm{w}}^2)} \end{cases} \tag{5-48}$$

方程组(5-47)为非定常问题，为此令

$$\begin{cases} u_1=\mathrm{e}^{-\nu t}\varPhi_1(r) \\[2mm] u_2=\mathrm{e}^{-\nu t}\varPhi_2(r) \end{cases} \tag{5-49}$$

将式(5-49)代入方程组(5-47)得

$$\begin{cases} -\nu\varPhi_1=\xi\left(\varPhi_2-\varPhi_1\right) \\[2mm] \dfrac{1}{r}\dfrac{\partial}{\partial r}\left(r\dfrac{\partial\varPhi_2}{\partial r}\right)+\dfrac{\eta}{\xi}\nu\varPhi_1=-\nu\varPhi_2 \\[2mm] \dfrac{\partial\varPhi_2}{\partial r}\bigg|_{r=r_{\mathrm{e}}}=0 \\[2mm] \dfrac{\partial\varPhi_2}{\partial r}\bigg|_{r=r_{\mathrm{w}}}=0 \end{cases} \tag{5-50}$$

其中，

$$\xi = \frac{3.6\alpha K_{\mathrm{m}}}{\bar{\mu}\phi_{\mathrm{m}} C_{\mathrm{m}}}$$

$$\eta = \frac{3.6\alpha K_{\mathrm{m}}}{\bar{\mu}\phi_{\mathrm{f}} C_{\mathrm{f}}}$$

由方程组(5-50)可得到特征值问题：

$$\begin{cases} \dfrac{\mathrm{d}^2 \varPhi_2}{\mathrm{d}r^2} + \dfrac{1}{r}\dfrac{\mathrm{d}\varPhi_2}{\mathrm{d}r} + \dfrac{\lambda}{X_2}\varPhi_2 = 0 \\ \dfrac{\mathrm{d}\varPhi_2}{\mathrm{d}r}\bigg|_{r_e} = \dfrac{\mathrm{d}\varPhi_2}{\mathrm{d}r}\bigg|_{r_w} = 0 \end{cases} \tag{5-51}$$

其中，

$$\lambda = v\left(\frac{\eta}{\xi - v} + 1\right)$$

$$X_2 = \frac{3.6 K_{\mathrm{f}}}{\bar{\mu}\phi_{\mathrm{f}} C_{\mathrm{f}}}$$

解方程组(5-51)可得 $\varPhi_2(r)$，将其代入式(5-49)中，再利用方程组(5-47)中的初始条件可得

$$u_2 = p_{\mathrm{i}}^2 - \frac{1.274\times10^{-2} q_{\mathrm{sc}}\bar{\mu}\bar{Z}Tr_{\mathrm{e}}^2}{K_{\mathrm{f}}h(r_{\mathrm{e}}^2 - r_{\mathrm{w}}^2)}\left[r_{\mathrm{e}}^2\left(\ln r_{\mathrm{e}} - \frac{1}{2}\right) - r_{\mathrm{w}}^2\left(\ln r_{\mathrm{w}} - \frac{1}{2}\right) - \frac{1}{4r_{\mathrm{e}}^2}(r_{\mathrm{e}}^4 - r_{\mathrm{w}}^4)\right]$$

$$- \frac{9.173\times10^{-2} q_{\mathrm{sc}}\bar{Z}T\eta}{h(\phi_{\mathrm{m}} C_{\mathrm{m}} + \phi_{\mathrm{f}} C_{\mathrm{f}})(r_{\mathrm{e}}^2 - r_{\mathrm{w}}^2)\xi(\xi+\eta)}\left[1 - e^{-(\xi+\eta)t}\right] + \frac{q_{\mathrm{sc}}\bar{Z}T}{2h\phi_{\mathrm{f}} C_{\mathrm{f}} r_{\mathrm{w}}\sqrt{X_2}\xi} \tag{5-52}$$

$$\times \sum_{j=1}^{\infty} \frac{J_1^2\left(\sqrt{\dfrac{\lambda_j}{X_2}}r_{\mathrm{e}}\right)\left[v_{+j}(\xi - v_{-j})e^{-v_{-j}t} - v_{-j}(\xi - v_{+j})e^{-v_{+j}t}\right]\varPhi_{1,0}\left(r, r_{\mathrm{w}}, \lambda_j\right)}{\sqrt{\lambda_j}(v_{+j} - v_{-j})\left[J_1^2\left(\sqrt{\dfrac{\lambda_j}{X_2}}r_{\mathrm{w}}\right) - J_1^2\left(\sqrt{\dfrac{\lambda_j}{X_2}}r_{\mathrm{e}}\right)\right]}$$

其中，

$$v_{+j} = \frac{1}{2}\left[\xi + \eta + \lambda_j + \sqrt{\left(\xi + \eta + \lambda_j\right)^2 - 4\xi\lambda_j}\right] \ (j=1,2,3,\ldots)$$

$$v_{-j} = \frac{1}{2}\left[\xi + \eta + \lambda_j - \sqrt{\left(\xi + \eta + \lambda_j\right)^2 - 4\xi\lambda_j}\right] \ (j=1,2,3,\ldots)$$

$$\varPhi_{1,0}\left(r, r_{\mathrm{w}}, \lambda_j\right) = J_1\left(\sqrt{\frac{\lambda_j}{X_2}}r_{\mathrm{w}}\right)Y_0\left(\sqrt{\frac{\lambda_j}{X_2}}r\right) - Y_1\left(\sqrt{\frac{\lambda_j}{X_2}}r_{\mathrm{w}}\right)J_0\left(\sqrt{\frac{\lambda_j}{X_2}}r\right) \ (j=1,2,3,\ldots)$$

式中，λ_j——方程 $J_1\left(\sqrt{\dfrac{\lambda_j}{X_2}}r_{\mathrm{w}}\right)Y_1\left(\sqrt{\dfrac{\lambda_j}{X_2}}r_{\mathrm{e}}\right) - Y_1\left(\sqrt{\dfrac{\lambda_j}{X_2}}r_{\mathrm{w}}\right)J_1\left(\sqrt{\dfrac{\lambda_j}{X_2}}r_{\mathrm{e}}\right) = 0$ 的根；

Y_0——第二类零阶贝塞尔函数；

Y_1——第二类一阶贝塞尔函数；

J_0——第一类零阶贝塞尔函数；

J_1——第一类一阶贝塞尔函数。

将式(5-48)、式(5-52)代入式(5-45)中第二式得

$$p_f^2(r,t)$$

$$= p_i^2 - \frac{1.274 \times 10^{-2} q_{sc} \bar{\mu} \bar{Z} T}{K_f h (r_e^2 - r_w^2)} \left[\frac{r^2}{2} + r_e^2 \left(\ln r_e - \frac{1}{2} \right) - r_e^2 \ln r - r_w^2 \left(\ln r_w - \frac{1}{2} \right) - \frac{1}{4 r_e^2} (r_e^4 - r_w^4) \right]$$

$$- \frac{9.173 \times 10^{-2} q_{sc} \bar{Z} T t}{h (\phi_m C_m + \phi_f C_f)(r_e^2 - r_w^2)} - \frac{9.173 \times 10^{-2} q_{sc} \bar{Z} T \eta \left[1 - e^{-(\xi+\eta)t} \right]}{h (\phi_m C_m + \phi_f C_f)(r_e^2 - r_w^2) \xi (\xi + \eta)}$$

$$+ \frac{q_{sc} \bar{Z} T}{2 h \phi_f C_f r_w \sqrt{X_2} \xi} \sum_{j=1}^{\infty} \frac{J_1^2 \left(\sqrt{\frac{\lambda_j}{X_2}} r_e \right) \left[\nu_{+j} \left(\xi - \nu_{-j} \right) e^{-\nu_{-j} t} - \nu_{-j} \left(\xi - \nu_{+j} \right) e^{-\nu_{+j} t} \right]}{\sqrt{\lambda_j} \left(\nu_{+j} - \nu_{-j} \right) \left[J_1^2 \left(\sqrt{\frac{\lambda_j}{X_2}} r_w \right) - J_1^2 \left(\sqrt{\frac{\lambda_j}{X_2}} r_e \right) \right]} \Phi_{1,0}(r, r_w, \lambda_j)$$

$$(5-53)$$

至此已经求得不稳定渗流晚期天然裂缝系统的压力表达式，但该式过于复杂，不利于模型的进一步推导，需要简化处理。随着生产时间 t 的不断增加，当渗流进入不稳定晚期之后，式(5-53)中的最后一项求和项中除了第一项之外均小到可以忽略不计，即最后一项可只取 $j=1$ 时的表达式[81]；同时，考虑到 r_w 远小于 r_e，再令式(5-53)中的 $r_w \rightarrow 0$，则可以简化得出双重介质气藏中天然裂缝系统压力分布的一个近似解：

$$p_f^2 = p_i^2 - \frac{1.274 \times 10^{-2} q_{sc} \bar{\mu} \bar{Z} T}{K_f h}$$

$$\times \left\{ \ln \frac{r_e}{r} + \frac{r^2}{2 r_e^2} - \frac{3}{4} + \frac{7.2 K_f t}{\bar{\mu} r_e^2 (\phi_m C_m + \phi_f C_f)} \right. \tag{5-54}$$

$$\left. + \frac{2 K_f \phi_m^2 C_m^2}{\alpha K_m r_e^2 (\phi_m C_m + \phi_f C_f)^2} \left[1 - \exp \left(- \frac{3.6 \alpha K_m (\phi_m C_m + \phi_f C_f) t}{\bar{\mu} \phi_m C_m \phi_f C_f} \right) \right] \right\}$$

将式(5-54)进一步整理化简，并表示为压降形式：

$$p_i^2 - p_f^2(r,t) = \frac{1.274 \times 10^{-2} q_{sc} \bar{\mu} \bar{Z} T}{K_f h}$$

$$\times \left\{ \ln \frac{r_e}{r} - \frac{3}{4} + \frac{2 \eta_{f+m} t}{r_e^2} + \frac{r^2}{2 r_e^2} + \frac{2 K_f (1-\omega)^2}{\alpha K_m r_e^2} \left[1 - \exp \left(- \frac{\alpha K_m \eta_{f+m} t}{K_f \omega (1-\omega)} \right) \right] \right\} \tag{5-55}$$

其中，

$$\eta_{f+m}\frac{3.6K_f}{\overline{\mu}\left(\phi_m C_m+\phi_f C_f\right)}$$

$$\omega=\frac{\phi_f C_f}{\phi_m C_m+\phi_f C_f}$$

为了便于之后模型的推导，把式(5-55)转化为平面直角坐标形式：

$$p_i^2-p_f^2(x,y,t)$$

$$=\frac{1.274\times10^{-2}q_{sc}\overline{\mu}\overline{Z}T}{K_f h}\left\{\ln\frac{r_e}{\sqrt{(x-x_0)^2+(y-y_0)^2}}-\frac{3}{4}+\frac{2\eta_{f+m}t}{r_e^2}+\frac{(x-x_0)^2+(y-y_0)^2}{2r_e^2}\right.$$

$$\left.+\frac{2K_f(1-\omega)^2}{\alpha K_m r_e^2}\left[1-\exp\left(-\frac{\alpha K_m\eta_{f+m}t}{K_f\omega(1-\omega)}\right)\right]\right\}$$

$$(5\text{-}56)$$

考虑体积系数的情况下将式(5-56)转化为

$$p_i^2-p_f^2(x,y,t)$$

$$=\frac{1.274\times10^{-2}B_g q_{sc}\overline{\mu}\overline{Z}T}{K_f h}\left\{\ln\frac{r_e}{\sqrt{(x-x_0)^2+(y-y_0)^2}}-\frac{3}{4}+\frac{2\eta_{f+m}t}{r_e^2}+\frac{(x-x_0)^2+(y-y_0)^2}{2r_e^2}\right.$$

$$\left.+\frac{2K_f(1-\omega)^2}{\alpha K_m r_e^2}\left[1-\exp\left(-\frac{\alpha K_m\eta_{f+m}t}{K_f\omega(1-\omega)}\right)\right]\right\}$$

$$(5\text{-}57)$$

式(5-57)为不稳定晚期渗流阶段气体由基质系统流向天然裂缝系统的压降公式，它是不稳定渗流晚期产量预测模型推导的基础。

5.4.2　气体由天然裂缝流向人工裂缝的压降模型

同样按照本书5.3.2节的方法将人工裂缝两翼均划分为 n 等份，这样每一条人工裂缝都是由 $2n$ 个点汇所组成，再用每一小等份的中点坐标表示每一个点汇的坐标，具体见表5-3。

表 5-3　第 k 条人工裂缝上第 j 个点汇坐标表达式

第 k 条人工裂缝	横坐标	纵坐标
左翼上第 j 个点汇	$-\frac{1}{2}\left(\frac{2n-2j+1}{n}\right)x_{flk}\sin\alpha(k)$	$y_{fk}+\frac{1}{2}\left(\frac{2n-2j+1}{n}\right)x_{flk}\cos\alpha(k)$
右翼上第 j 个点汇	$\frac{1}{2}\left(\frac{2j-1}{n}\right)x_{frk}\sin\beta(k)$	$y_{fk}-\frac{1}{2}\left(\frac{2j-1}{n}\right)x_{frk}\cos\beta(k)$

　　将第 k 条人工裂缝右翼上的第 j 个点汇的坐标表达式代入式(5-57)，就可以得到第 k 条人工裂缝右翼上第 j 个点汇对天然裂缝系统中一点 (x,y) 所产生的压力降：

$$
\begin{aligned}
& p_{\mathrm{i}}^{2}-p_{\mathrm{f}}^{2}(x,y,t) \\
& =\frac{1.274\times10^{-2}B_{\mathrm{g}}q_{\mathrm{frkj}}\bar{\mu}\bar{Z}T}{K_{\mathrm{f}}h}\left\{\frac{2\eta_{\mathrm{f+m}}t}{r_{\mathrm{e}}^{2}}-\frac{3}{4}+\frac{2K_{\mathrm{f}}(1-\omega)^{2}}{\alpha K_{\mathrm{m}}r_{\mathrm{e}}^{2}}\left[1-\exp\left(-\frac{\alpha K_{\mathrm{m}}\eta_{\mathrm{f+m}}t}{K_{\mathrm{f}}\omega(1-\omega)}\right)\right]\right. \\
& \left.+\ln\frac{r_{\mathrm{e}}}{\sqrt{\left[x-\frac{1}{2}\left(\frac{2j-1}{n}\right)x_{\mathrm{frk}}\sin\beta(k)\right]^{2}+\left[y-y_{\mathrm{fk}}+\frac{1}{2}\left(\frac{2j-1}{n}\right)x_{\mathrm{frk}}\cos\beta(k)\right]^{2}}}\right. \\
& \left.+\frac{\left[x-\frac{1}{2}\left(\frac{2j-1}{n}\right)x_{\mathrm{frk}}\sin\beta(k)\right]^{2}+\left[y-y_{\mathrm{fk}}+\frac{1}{2}\left(\frac{2j-1}{n}\right)x_{\mathrm{frk}}\cos\beta(k)\right]^{2}}{2r_{\mathrm{e}}^{2}}\right\}
\end{aligned}
\tag{5-58}
$$

　　由压降的叠加原理可得，在 t 时刻第 k 条人工裂缝右翼上 n 个点汇共同对天然裂缝系统中一点 (x,y) 所产生的压力降为

$$
\begin{aligned}
& p_{\mathrm{i}}^{2}-p_{\mathrm{f}}^{2}(x,y,t) \\
& =\sum_{j=1}^{n}\frac{1.274\times10^{-2}B_{\mathrm{g}}q_{\mathrm{frkj}}\bar{\mu}\bar{Z}T}{K_{\mathrm{f}}h}\left\{\frac{2\eta_{\mathrm{f+m}}t}{r_{\mathrm{e}}^{2}}-\frac{3}{4}+\frac{2K_{\mathrm{f}}(1-\omega)^{2}}{\alpha K_{\mathrm{m}}r_{\mathrm{e}}^{2}}\left[1-\exp\left(-\frac{\alpha K_{\mathrm{m}}\eta_{\mathrm{f+m}}t}{K_{\mathrm{f}}\omega(1-\omega)}\right)\right]\right. \\
& \left.+\ln\frac{r_{\mathrm{e}}}{\sqrt{\left[x-\frac{1}{2}\left(\frac{2j-1}{n}\right)x_{\mathrm{frk}}\sin\beta(k)\right]^{2}+\left[y-y_{\mathrm{fk}}+\frac{1}{2}\left(\frac{2j-1}{n}\right)x_{\mathrm{frk}}\cos\beta(k)\right]^{2}}}\right. \\
& \left.+\frac{\left[x-\frac{1}{2}\left(\frac{2j-1}{n}\right)x_{\mathrm{frk}}\sin\beta(k)\right]^{2}+\left[y-y_{\mathrm{fk}}+\frac{1}{2}\left(\frac{2j-1}{n}\right)x_{\mathrm{frk}}\cos\beta(k)\right]^{2}}{2r_{\mathrm{e}}^{2}}\right\}
\end{aligned}
\tag{5-59}
$$

　　同理可得到 t 时刻第 k 条人工裂缝左翼上 n 个点汇对天然裂缝系统中一点 (x,y) 所产生的压力降，将所得结果与式(5-59)联立起来就可得到第 k 条人工裂缝在 t 时刻对天然裂缝系统中任一点 (x,y) 所生产的压降：

$$
\begin{aligned}
& p_{\mathrm{i}}^{2}-p_{\mathrm{f}}^{2}(x,y,t) \\
& =\sum_{j=1}^{n}\frac{1.274\times10^{-2}B_{\mathrm{g}}q_{\mathrm{flkj}}\bar{\mu}\bar{Z}T}{K_{\mathrm{f}}h}\left\{\frac{2\eta_{\mathrm{f+m}}t}{r_{\mathrm{e}}^{2}}-\frac{3}{4}+\frac{2K_{\mathrm{f}}(1-\omega)^{2}}{\alpha K_{\mathrm{m}}r_{\mathrm{e}}^{2}}\left[1-\exp\left(-\frac{\alpha K_{\mathrm{m}}\eta_{\mathrm{f+m}}t}{K_{\mathrm{f}}\omega(1-\omega)}\right)\right]\right.
\end{aligned}
$$

$$+\ln\frac{r_{\mathrm{e}}}{\sqrt{\left[x+\frac{1}{2}\left(\frac{2n-2j+1}{n}\right)x_{\mathrm{flk}}\sin\alpha(k)\right]^{2}+\left[y-y_{\mathrm{fk}}-\frac{1}{2}\left(\frac{2n-2j+1}{n}\right)x_{\mathrm{flk}}\cos\alpha(k)\right]^{2}}}$$

$$+\frac{\left[x+\frac{1}{2}\left(\frac{2n-2j+1}{n}\right)x_{\mathrm{flk}}\sin\alpha(k)\right]^{2}+\left[y-y_{\mathrm{fk}}-\frac{1}{2}\left(\frac{2n-2j+1}{n}\right)x_{\mathrm{flk}}\cos\alpha(k)\right]^{2}}{2r_{\mathrm{e}}^{2}}\Bigg\}$$

$$+\sum_{j=1}^{n}\frac{1.274\times10^{-2}B_{\mathrm{g}}q_{\mathrm{frkj}}\bar{\mu}\bar{Z}T}{K_{\mathrm{f}}h}\left\{\frac{2\eta_{\mathrm{f+m}}t}{r_{\mathrm{e}}^{2}}-\frac{3}{4}+\frac{2K_{\mathrm{f}}(1-\omega)^{2}}{\alpha K_{\mathrm{m}}r_{\mathrm{e}}^{2}}\left[1-\exp\left(-\frac{\alpha K_{\mathrm{m}}\eta_{\mathrm{f+m}}t}{K_{\mathrm{f}}\omega(1-\omega)}\right)\right]\right.$$

$$+\ln\frac{r_{\mathrm{e}}}{\sqrt{\left[x-\frac{1}{2}\left(\frac{2j-1}{n}\right)x_{\mathrm{frk}}\sin\beta(k)\right]^{2}+\left[y-y_{\mathrm{fk}}+\frac{1}{2}\left(\frac{2j-1}{n}\right)x_{\mathrm{frk}}\cos\beta(k)\right]^{2}}}$$

$$+\frac{\left[x-\frac{1}{2}\left(\frac{2j-1}{n}\right)x_{\mathrm{frk}}\sin\beta(k)\right]^{2}+\left[y-y_{\mathrm{fk}}+\frac{1}{2}\left(\frac{2j-1}{n}\right)x_{\mathrm{frk}}\cos\beta(k)\right]^{2}}{2r_{\mathrm{e}}^{2}}\Bigg\}$$

(5-60)

　　由势叠加原理可知,把每一条压裂裂缝在天然裂缝系统中一点(x,y)处产生的压降相加,就可以得到t时刻N条人工裂缝同时生产时对天然裂缝系统中一点(x,y)所产生的总压降:

$$p_{\mathrm{i}}^{2}-p_{\mathrm{f}}^{2}(x,y,t)$$

$$=\sum_{k=1}^{N}\left[\sum_{j=1}^{n}\frac{1.274\times10^{-2}B_{\mathrm{g}}q_{\mathrm{flkj}}\bar{\mu}\bar{Z}T}{K_{\mathrm{f}}h}\left\{\frac{2\eta_{\mathrm{f+m}}t}{r_{\mathrm{e}}^{2}}-\frac{3}{4}+\frac{2K_{\mathrm{f}}(1-\omega)^{2}}{\alpha K_{\mathrm{m}}r_{\mathrm{e}}^{2}}\left[1-\exp\left(-\frac{\alpha K_{\mathrm{m}}\eta_{\mathrm{f+m}}t}{K_{\mathrm{f}}\omega(1-\omega)}\right)\right]\right.\right.$$

$$+\ln\frac{r_{\mathrm{e}}}{\sqrt{\left[x+\frac{1}{2}\left(\frac{2n-2j+1}{n}\right)x_{\mathrm{flk}}\sin\alpha(k)\right]^{2}+\left[y-y_{\mathrm{fk}}-\frac{1}{2}\left(\frac{2n-2j+1}{n}\right)x_{\mathrm{flk}}\cos\alpha(k)\right]^{2}}}$$

$$+\frac{\left[x+\frac{1}{2}\left(\frac{2n-2j+1}{n}\right)x_{\mathrm{flk}}\sin\alpha(k)\right]^{2}+\left[y-y_{\mathrm{fk}}-\frac{1}{2}\left(\frac{2n-2j+1}{n}\right)x_{\mathrm{flk}}\cos\alpha(k)\right]^{2}}{2r_{\mathrm{e}}^{2}}\Bigg\}$$

$$+\sum_{j=1}^{n}\frac{1.274\times10^{-2}B_{\mathrm{g}}q_{\mathrm{frkj}}\bar{\mu}\bar{Z}T}{K_{\mathrm{f}}h}\left\{\frac{2\eta_{\mathrm{f+m}}t}{r_{\mathrm{e}}^{2}}-\frac{3}{4}+\frac{2K_{\mathrm{f}}(1-\omega)^{2}}{\alpha K_{\mathrm{m}}r_{\mathrm{e}}^{2}}\left[1-\exp\left(-\frac{\alpha K_{\mathrm{m}}\eta_{\mathrm{f+m}}t}{K_{\mathrm{f}}\omega(1-\omega)}\right)\right]\right.$$

$$+\ln\frac{r_{\mathrm{e}}}{\sqrt{\left[x-\frac{1}{2}\left(\frac{2j-1}{n}\right)x_{\mathrm{f}rk}\sin\beta(k)\right]^2+\left[y-y_{\mathrm{f}k}+\frac{1}{2}\left(\frac{2j-1}{n}\right)x_{\mathrm{f}rk}\cos\beta(k)\right]^2}}$$

$$+\frac{\left[x-\frac{1}{2}\left(\frac{2j-1}{n}\right)x_{\mathrm{f}rk}\sin\beta(k)\right]^2+\left[y-y_{\mathrm{f}k}+\frac{1}{2}\left(\frac{2j-1}{n}\right)x_{\mathrm{f}rk}\cos\beta(k)\right]^2}{2r_{\mathrm{e}}^2}\Bigg\}$$

$$(5\text{-}61)$$

气体从天然裂缝系统流向人工裂缝的汇入点为人工裂缝的尖端，因而需要推导出人工裂缝尖端的压力表达式。设第 i 条压裂裂缝左翼尖端处的压力和右翼尖端处的压力分别为 $p_{\mathrm{f}li}$ 和 $p_{\mathrm{f}ri}$。然后根据压降叠加原理就能够求得第 i 条人工裂缝左、右两翼尖端处的压力，则第 i 条人工裂缝左翼尖端处和右翼尖端处的横纵坐标见表 5-4。

表 5-4　第 i 条人工裂缝左右尖端坐标表达式

第 i 条人工裂缝	横坐标	纵坐标
左翼尖端	$-\left(1-\frac{1}{2n}\right)x_{\mathrm{f}li}\sin\alpha(i)$	$y_{\mathrm{f}i}+\left(1-\frac{1}{2n}\right)x_{\mathrm{f}li}\cos\alpha(i)$
右翼尖端	$\left(1-\frac{1}{2n}\right)x_{\mathrm{f}ri}\sin\beta(i)$	$y_{\mathrm{f}i}-\left(1-\frac{1}{2n}\right)x_{\mathrm{f}li}\cos\beta(i)$

分别将第 i 条人工裂缝左翼尖端处坐标表达式和右翼尖端处坐标表达式代入式(5-61)中，就可得到 t 时刻第 i 条人工裂缝左翼、右翼尖端处的压力。但是，由于人工裂缝左、右两翼并不一定关于水平井筒对称，因此取裂缝左、右两翼尖端处压力平方的平均值 p^2 作为人工裂缝尖端处的压力平方，即有

$$p^2=\frac{p_{\mathrm{f}li}^2+p_{\mathrm{f}ri}^2}{2}=p_{\mathrm{i}}^2-\frac{1}{2}\Bigg\{\sum_{k=1}^{N}\Bigg[\sum_{j=1}^{n}\frac{1.274\times10^{-2}B_{\mathrm{g}}q_{\mathrm{f}lkj}\bar{\mu}\bar{Z}T}{K_{\mathrm{f}}h}\bigg\{\frac{2\eta_{\mathrm{f}+m}t}{r_{\mathrm{e}}^2}-\frac{3}{4}+\frac{2K_{\mathrm{f}}(1-\omega)^2}{\alpha K_{\mathrm{m}}r_{\mathrm{e}}^2}\bigg[1-\exp\bigg(-\frac{\alpha K_{\mathrm{m}}\eta_{\mathrm{f}+m}t}{K_{\mathrm{f}}\omega(1-\omega)}\bigg)\bigg]$$

$$+\ln\frac{r_{\mathrm{e}}}{\sqrt{\left[-\left(1-\frac{1}{2n}\right)x_{\mathrm{f}li}\sin\alpha(i)+\frac{1}{2}\left(\frac{2n-2j+1}{n}\right)x_{\mathrm{f}lk}\sin\alpha(k)\right]^2+\left[y_{\mathrm{f}i}+\left(1-\frac{1}{2n}\right)x_{\mathrm{f}li}\cos\alpha(i)-y_{\mathrm{f}k}-\frac{1}{2}\left(\frac{2n-2j+1}{n}\right)x_{\mathrm{f}lk}\cos\alpha(k)\right]^2}}$$

$$+\frac{\left[-\left(1-\frac{1}{2n}\right)x_{\mathrm{f}li}\sin\alpha(i)+\frac{1}{2}\left(\frac{2n-2j+1}{n}\right)x_{\mathrm{f}lk}\sin\alpha(k)\right]^2+\left[y_{\mathrm{f}i}+\left(1-\frac{1}{2n}\right)x_{\mathrm{f}li}\cos\alpha(i)-y_{\mathrm{f}k}-\frac{1}{2}\left(\frac{2n-2j+1}{n}\right)x_{\mathrm{f}lk}\cos\alpha(k)\right]^2}{2r_{\mathrm{e}}^2}\Bigg\}$$

$$+\sum_{j=1}^{n}\frac{1.274\times10^{-2}B_{\mathrm{g}}q_{\mathrm{f}rkj}\bar{\mu}\bar{Z}T}{K_{\mathrm{f}}h}\bigg\{\frac{2\eta_{\mathrm{f}+m}t}{r_{\mathrm{e}}^2}-\frac{3}{4}+\frac{2K_{\mathrm{f}}(1-\omega)^2}{\alpha K_{\mathrm{m}}r_{\mathrm{e}}^2}\bigg[1-\exp\bigg(-\frac{\alpha K_{\mathrm{m}}\eta_{\mathrm{f}+m}t}{K_{\mathrm{f}}\omega(1-\omega)}\bigg)\bigg]$$

$$+\ln\frac{r_{\mathrm{e}}}{\sqrt{\left[-\left(1-\frac{1}{2n}\right)x_{\mathrm{f}li}\sin\alpha(i)-\frac{1}{2}\left(\frac{2j-1}{n}\right)x_{\mathrm{f}rk}\sin\beta(k)\right]^2+\left[y_{\mathrm{f}i}+\left(1-\frac{1}{2n}\right)x_{\mathrm{f}li}\cos\alpha(i)-y_{\mathrm{f}k}+\frac{1}{2}\left(\frac{2j-1}{n}\right)x_{\mathrm{f}rk}\cos\beta(k)\right]^2}}$$

$$+\frac{\left[-\left(1-\frac{1}{2n}\right)x_{\mathrm{f}li}\sin\alpha(i)-\frac{1}{2}\left(\frac{2j-1}{n}\right)x_{\mathrm{f}rk}\sin\beta(k)\right]^2+\left[y_{\mathrm{f}i}+\left(1-\frac{1}{2n}\right)x_{\mathrm{f}li}\cos\alpha(i)-y_{\mathrm{f}k}+\frac{1}{2}\left(\frac{2j-1}{n}\right)x_{\mathrm{f}rk}\cos\beta(k)\right]^2}{2r_{\mathrm{e}}^2}\Bigg\}$$

$$+\sum_{k=1}^{N}\Bigg[\sum_{j=1}^{n}\frac{1.274\times10^{-2}B_{\mathrm{g}}q_{\mathrm{f}lkj}\bar{\mu}\bar{Z}T}{K_{\mathrm{f}}h}\left\{\frac{2\eta_{\mathrm{f+m}}t}{r_{\mathrm{e}}^2}-\frac{3}{4}+\frac{2K_{\mathrm{f}}(1-\omega)^2}{\alpha K_{\mathrm{m}}r_{\mathrm{e}}^2}\left[1-\exp\left(-\frac{\alpha K_{\mathrm{m}}\eta_{\mathrm{f+m}}t}{K_{\mathrm{f}}\omega(1-\omega)}\right)\right]\right.$$

$$+\ln\frac{r_{\mathrm{e}}}{\sqrt{\left[\left(1-\frac{1}{2n}\right)x_{\mathrm{f}ri}\sin\beta(i)+\frac{1}{2}\left(\frac{2n-2j+1}{n}\right)x_{\mathrm{f}lk}\sin\alpha(k)\right]^2+\left[y_{\mathrm{f}i}-\left(1-\frac{1}{2n}\right)x_{\mathrm{f}ri}\cos\beta(i)-y_{\mathrm{f}k}-\frac{1}{2}\left(\frac{2n-2j+1}{n}\right)x_{\mathrm{f}lk}\cos\alpha(k)\right]^2}}$$

$$+\frac{\left[\left(1-\frac{1}{2n}\right)x_{\mathrm{f}ri}\sin\beta(i)+\frac{1}{2}\left(\frac{2n-2j+1}{n}\right)x_{\mathrm{f}lk}\sin\alpha(k)\right]^2+\left[y_{\mathrm{f}i}-\left(1-\frac{1}{2n}\right)x_{\mathrm{f}ri}\cos\beta(i)-y_{\mathrm{f}k}-\frac{1}{2}\left(\frac{2n-2j+1}{n}\right)x_{\mathrm{f}lk}\cos\alpha(k)\right]^2}{2r_{\mathrm{e}}^2}\Bigg\}$$

$$+\sum_{j=1}^{n}\frac{1.274\times10^{-2}B_{\mathrm{g}}q_{\mathrm{f}rkj}\bar{\mu}\bar{Z}T}{K_{\mathrm{f}}h}\left\{\frac{2\eta_{\mathrm{f+m}}t}{r_{\mathrm{e}}^2}-\frac{3}{4}+\frac{2K_{\mathrm{f}}(1-\omega)^2}{\alpha K_{\mathrm{m}}r_{\mathrm{e}}^2}\left[1-\exp\left(-\frac{\alpha K_{\mathrm{m}}\eta_{\mathrm{f+m}}t}{K_{\mathrm{f}}\omega(1-\omega)}\right)\right]\right.$$

$$+\ln\frac{r_{\mathrm{e}}}{\sqrt{\left[\left(1-\frac{1}{2n}\right)x_{\mathrm{f}ri}\sin\beta(i)-\frac{1}{2}\left(\frac{2j-1}{n}\right)x_{\mathrm{f}rk}\sin\beta(k)\right]^2+\left[y_{\mathrm{f}i}-\left(1-\frac{1}{2n}\right)x_{\mathrm{f}ri}\cos\beta(i)-y_{\mathrm{f}k}+\frac{1}{2}\left(\frac{2j-1}{n}\right)x_{\mathrm{f}rk}\cos\beta(k)\right]^2}}$$

$$\left.+\frac{\left[\left(1-\frac{1}{2n}\right)x_{\mathrm{f}ri}\sin\beta(i)-\frac{1}{2}\left(\frac{2j-1}{n}\right)x_{\mathrm{f}rk}\sin\beta(k)\right]^2+\left[y_{\mathrm{f}i}-\left(1-\frac{1}{2n}\right)x_{\mathrm{f}ri}\cos\beta(i)-y_{\mathrm{f}k}+\frac{1}{2}\left(\frac{2j-1}{n}\right)x_{\mathrm{f}rk}\cos\beta(k)\right]^2}{2r_{\mathrm{e}}^2}\right\}\Bigg]\Bigg\}$$

$$(5-62)$$

5.4.3 不稳定晚期产量预测模型

设第 k 条人工裂缝左翼上第 j 段产气量为 $q_{\mathrm{f}lkj}$，右翼上第 j 段产气量为 $q_{\mathrm{f}rkj}$，则有

$$q_{\mathrm{f}lkj}=\frac{x_{\mathrm{f}lk}}{n(x_{\mathrm{f}lk}+x_{\mathrm{f}rk})}q_{\mathrm{f}k}\ ,\quad q_{\mathrm{f}rkj}=\frac{x_{\mathrm{f}rk}}{n(x_{\mathrm{f}lk}+x_{\mathrm{f}rk})}q_{\mathrm{f}k} \tag{5-63}$$

气体从人工裂缝流向水平井筒的过程可以表示为

$$p^2-p_{\mathrm{wf}i}^2=\frac{1.291\times10^{-3}B_{\mathrm{g}}q_{\mathrm{f}i}\bar{\mu}\bar{Z}T}{K_{\mathrm{l}fi}w_i}\left(\ln\frac{\sqrt{\dfrac{(x_{\mathrm{f}li}+x_{\mathrm{f}ri})h}{\pi}}}{r_{\mathrm{w}}}+s\right) \tag{5-64}$$

由于气体在水平井筒内流动时的压降损失对水平井分段压裂产量的影响极小，故可忽略不计。因此人工裂缝底部压力可近似认为与井底流压相等，则 $p_{\mathrm{wf}1}=p_{\mathrm{wf}2}=\cdots=p_{\mathrm{wf}N}=p_{\mathrm{wf}}$，再联立式（5-62）～式（5-64）就可以得到分段压裂水平气井在不稳定渗流晚期的产量预测模型：

$$p_\mathrm{i}^2 - p_\mathrm{wf}^2$$

$$
\begin{aligned}
=& \frac{1}{2}\Bigg\{\sum_{k=1}^{N}\Bigg[\sum_{j=1}^{n}\frac{1.274\times10^{-2}B_\mathrm{g}x_{\mathrm{fl}k}q_{\mathrm{fk}}\bar{\mu}\bar{Z}T}{n\left(x_{\mathrm{fl}k}+x_{\mathrm{fr}k}\right)K_\mathrm{f}h} \\
& \times\Bigg\{\frac{2\eta_{\mathrm{f+m}}t}{r_\mathrm{e}^2}-\frac{3}{4}+\frac{2K_\mathrm{f}(1-\omega)^2}{\alpha K_\mathrm{m}r_\mathrm{e}^2}\Bigg[1-\exp\Bigg(-\frac{\alpha K_\mathrm{m}\eta_{\mathrm{f+m}}t}{K_\mathrm{f}\omega(1-\omega)}\Bigg)\Bigg]+\ln\frac{r_\mathrm{e}}{\sqrt{A}}+\frac{A}{2r_\mathrm{e}^2}\Bigg\} \\
& +\sum_{j=1}^{n}\frac{1.274\times10^{-2}B_\mathrm{g}x_{\mathrm{fr}k}q_{\mathrm{fk}}\bar{\mu}\bar{Z}T}{n\left(x_{\mathrm{fl}k}+x_{\mathrm{fr}k}\right)K_\mathrm{f}h}\Bigg\{\frac{2\eta_{\mathrm{f+m}}t}{r_\mathrm{e}^2}-\frac{3}{4} \\
& +\frac{2K_\mathrm{f}(1-\omega)^2}{\alpha K_\mathrm{m}r_\mathrm{e}^2}\Bigg[1-\exp\Bigg(-\frac{\alpha K_\mathrm{m}\eta_{\mathrm{f+m}}t}{K_\mathrm{f}\omega(1-\omega)}\Bigg)\Bigg]+\ln\frac{r_\mathrm{e}}{\sqrt{B}}+\frac{B}{2r_\mathrm{e}^2}\Bigg\} \\
& +\sum_{k=1}^{N}\Bigg[\sum_{j=1}^{n}\frac{1.274\times10^{-2}B_\mathrm{g}x_{\mathrm{fl}k}q_{\mathrm{fk}}\bar{\mu}\bar{Z}T}{n\left(x_{\mathrm{fl}k}+x_{\mathrm{fr}k}\right)K_\mathrm{f}h}\Bigg\{\frac{2\eta_{\mathrm{f+m}}t}{r_\mathrm{e}^2}-\frac{3}{4} \\
& +\frac{2K_\mathrm{f}(1-\omega)^2}{\alpha K_\mathrm{m}r_\mathrm{e}^2}\Bigg[1-\exp\Bigg(-\frac{\alpha K_\mathrm{m}\eta_{\mathrm{f+m}}t}{K_\mathrm{f}\omega(1-\omega)}\Bigg)\Bigg]+\ln\frac{r_\mathrm{e}}{\sqrt{C}}+\frac{C}{2r_\mathrm{e}^2}\Bigg\} \\
& +\sum_{j=1}^{n}\frac{1.274\times10^{-2}B_\mathrm{g}x_{\mathrm{fr}k}q_{\mathrm{fk}}\bar{\mu}\bar{Z}T}{n\left(x_{\mathrm{fl}k}+x_{\mathrm{fr}k}\right)K_\mathrm{f}h}\Bigg\{\frac{2\eta_{\mathrm{f+m}}t}{r_\mathrm{e}^2}-\frac{3}{4} \\
& +\frac{2K_\mathrm{f}(1-\omega)^2}{\alpha K_\mathrm{m}r_\mathrm{e}^2}\Bigg[1-\exp\Bigg(-\frac{\alpha K_\mathrm{m}\eta_{\mathrm{f+m}}t}{K_\mathrm{f}\omega(1-\omega)}\Bigg)\Bigg]+\ln\frac{r_\mathrm{e}}{\sqrt{D}}+\frac{D}{2r_\mathrm{e}^2}\Bigg\}\Bigg]\Bigg\} \\
& +\frac{1.291\times10^{-3}B_\mathrm{g}q_{\mathrm{fi}}\bar{\mu}\bar{Z}T}{K_i w_i}\Bigg(\ln\frac{\sqrt{(x_{\mathrm{fl}i}+x_{\mathrm{fr}i})h}}{\sqrt{\pi}r_\mathrm{w}}+s\Bigg)
\end{aligned}
\tag{5-65}
$$

其中，

$$
\begin{aligned}
A=&\Bigg[-\Bigg(1-\frac{1}{2n}\Bigg)x_{\mathrm{fl}i}\sin\alpha(i)+\frac{1}{2}\Bigg(\frac{2n-2j+1}{n}\Bigg)x_{\mathrm{fl}k}\sin\alpha(k)\Bigg]^2 \\
& +\Bigg[y_{fi}+\Bigg(1-\frac{1}{2n}\Bigg)x_{\mathrm{fl}i}\cos\alpha(i)-y_{fk}-\frac{1}{2}\Bigg(\frac{2n-2j+1}{n}\Bigg)x_{\mathrm{fl}k}\cos\alpha(k)\Bigg]^2;
\end{aligned}
$$

$$
\begin{aligned}
B=&\Bigg[-\Bigg(1-\frac{1}{2n}\Bigg)x_{\mathrm{fl}i}\sin\alpha(i)-\frac{1}{2}\Bigg(\frac{2j-1}{n}\Bigg)x_{\mathrm{fr}k}\sin\beta(k)\Bigg]^2 \\
& +\Bigg[y_{fi}+\Bigg(1-\frac{1}{2n}\Bigg)x_{\mathrm{fl}i}\cos\alpha(i)-y_{fk}+\frac{1}{2}\Bigg(\frac{2j-1}{n}\Bigg)x_{\mathrm{fr}k}\cos\beta(k)\Bigg]^2;
\end{aligned}
$$

$$
C=\Bigg[\Bigg(1-\frac{1}{2n}\Bigg)x_{\mathrm{fr}i}\sin\beta(i)+\frac{1}{2}\Bigg(\frac{2n-2j+1}{n}\Bigg)x_{\mathrm{fl}k}\sin\alpha(k)\Bigg]^2
$$

$$+\left[y_{\mathrm{fi}}-\left(1-\frac{1}{2n}\right)x_{\mathrm{fri}}\cos\beta(i)-y_{\mathrm{fk}}-\frac{1}{2}\left(\frac{2n-2j+1}{n}\right)x_{\mathrm{fik}}\cos\alpha(k)\right]^{2};$$

$$D=\left[\left(1-\frac{1}{2n}\right)x_{\mathrm{fri}}\sin\beta(i)-\frac{1}{2}\left(\frac{2j-1}{n}\right)x_{\mathrm{frk}}\sin\beta(k)\right]^{2}$$

$$+\left[y_{\mathrm{fi}}-\left(1-\frac{1}{2n}\right)x_{\mathrm{fri}}\cos\beta(i)-y_{\mathrm{fk}}+\frac{1}{2}\left(\frac{2j-1}{n}\right)x_{\mathrm{frk}}\cos\beta(k)\right]^{2}。$$

由于水平井筒除了与人工裂缝相交外，其余部分均为封闭的，因此分段压裂水平气井在不稳定渗流晚期的总产量可以表示为

$$Q=\sum_{k=1}^{N}q_{fk} \tag{5-66}$$

5.5　拟稳定渗流阶段产量预测模型

5.5.1　气体由基质流向天然裂缝的压降模型

当分段压裂水平气井产生很长一段时间之后，地层中的压降速度逐渐趋于一常数，渗流进入拟稳定流动阶段，则式(5-55)中的最后一项趋于零，即有

$$p_{\mathrm{i}}^{2}-p_{\mathrm{f}}^{2}(r,t)=\frac{1.274\times10^{-2}q_{\mathrm{sc}}\bar{\mu}\bar{Z}T}{K_{\mathrm{f}}h}\left[\ln\frac{r_{\mathrm{e}}}{r}-\frac{3}{4}+\frac{2\eta_{\mathrm{f+m}}t}{r_{\mathrm{e}}^{2}}+\frac{r^{2}}{2r_{\mathrm{e}}^{2}}+\frac{2K_{\mathrm{f}}\left(1-\omega\right)^{2}}{\alpha K_{\mathrm{m}}r_{\mathrm{e}}^{2}}\right] \tag{5-67}$$

式中，$C_{\mathrm{f}}=\dfrac{1}{p_{\mathrm{f}}}-\dfrac{1}{\bar{Z}}\dfrac{\partial\bar{Z}}{\partial p_{\mathrm{f}}}$，$C_{\mathrm{m}}=\dfrac{1}{p_{\mathrm{m}}}-\dfrac{1}{\bar{Z}}\dfrac{\partial\bar{Z}}{\partial p_{\mathrm{m}}}$，$\eta_{\mathrm{f+m}}\dfrac{3.6K_{\mathrm{f}}}{\bar{\mu}\left(\phi_{\mathrm{m}}C_{\mathrm{m}}+\phi_{\mathrm{f}}C_{\mathrm{f}}\right)}$，$\omega=\dfrac{\phi_{\mathrm{f}}C_{\mathrm{f}}}{\phi_{\mathrm{m}}C_{\mathrm{m}}+\phi_{\mathrm{f}}C_{\mathrm{f}}}$。

为了便于之后模型进一步推导，在考虑体积系数的情况下，可将式(5-67)转化为

$$
\begin{aligned}
&p_{\mathrm{i}}^{2}-p_{\mathrm{f}}^{2}(x,y,t)\\
&=\frac{1.274\times10^{-2}B_{\mathrm{g}}q_{\mathrm{sc}}\bar{\mu}\bar{Z}T}{K_{\mathrm{f}}h}\\
&\times\left[\ln\frac{r_{\mathrm{e}}}{\sqrt{\left(x-x_{0}\right)^{2}+\left(y-y_{0}\right)^{2}}}-\frac{3}{4}+\frac{2\eta_{\mathrm{f+m}}t}{r_{\mathrm{e}}^{2}}+\frac{\left(x-x_{0}\right)^{2}+\left(y-y_{0}\right)^{2}}{2r_{\mathrm{e}}^{2}}+\frac{2K_{\mathrm{f}}\left(1-\omega\right)^{2}}{\alpha K_{\mathrm{m}}r_{\mathrm{e}}^{2}}\right]
\end{aligned} \tag{5-68}
$$

式(5-68)为拟稳定渗流阶段气体由基质系统流向天然裂缝系统的压降公式，它是拟稳定渗流时期产量预测模型推导的基础。

5.5.2　气体由天然裂缝流向人工裂缝的压降模型

同样按照本书 5.3.2 节的方法,用每一小等份的中点坐标表示每一个点汇的坐标,具体见表 5-5。

表 5-5　第 k 条人工裂缝上第 j 个点汇坐标表达式

第 k 条人工裂缝	横坐标	纵坐标
左翼上第 j 个点汇	$-\dfrac{1}{2}\left(\dfrac{2n-2j+1}{n}\right)x_{\mathrm{fl}k}\sin\alpha(k)$	$y_{\mathrm{f}k}+\dfrac{1}{2}\left(\dfrac{2n-2j+1}{n}\right)x_{\mathrm{fl}k}\cos\alpha(k)$
右翼上第 j 个点汇	$\dfrac{1}{2}\left(\dfrac{2j-1}{n}\right)x_{\mathrm{fr}k}\sin\beta(k)$	$y_{\mathrm{f}k}-\dfrac{1}{2}\left(\dfrac{2j-1}{n}\right)x_{\mathrm{fr}k}\cos\beta(k)$

将第 k 条人工裂缝左翼上第 j 段产气量设为 $q_{\mathrm{fl}kj}$,右翼上第 j 段产气量设为 $q_{\mathrm{fr}kj}$。然后将表 5-5 中左翼上第 j 个点汇的横、纵坐标表达式代入式(5-68),再结合势叠加原理,就可以得到第 k 条人工裂缝左翼上 n 个点汇共同对天然裂缝系统中任一点 (x,y) 产生的压力降:

$$
\begin{aligned}
&p_{\mathrm{i}}^2-p_{\mathrm{f}}^2(x,y,t)\\
&=\sum_{j=1}^{n}\frac{1.274\times10^{-2}B_{\mathrm{g}}q_{\mathrm{fl}kj}\bar{\mu}\bar{Z}T}{K_{\mathrm{f}}h}\left\{\frac{2\eta_{\mathrm{f+m}}t}{r_{\mathrm{e}}^2}-\frac{3}{4}+\frac{2K_{\mathrm{f}}(1-\omega)^2}{\alpha K_{\mathrm{m}}r_{\mathrm{e}}^2}\right.\\
&\quad+\ln\frac{r_{\mathrm{e}}}{\sqrt{\left[x+\dfrac{1}{2}\left(\dfrac{2n-2j+1}{n}\right)x_{\mathrm{fl}k}\sin\alpha(k)\right]^2+\left[y-y_{\mathrm{f}k}-\dfrac{1}{2}\left(\dfrac{2n-2j+1}{n}\right)x_{\mathrm{fl}k}\cos\alpha(k)\right]^2}}\\
&\quad\left.+\frac{\left[x+\dfrac{1}{2}\left(\dfrac{2n-2j+1}{n}\right)x_{\mathrm{fl}k}\sin\alpha(k)\right]^2+\left[y-y_{\mathrm{f}k}-\dfrac{1}{2}\left(\dfrac{2n-2j+1}{n}\right)x_{\mathrm{fl}k}\cos\alpha(k)\right]^2}{2r_{\mathrm{e}}^2}\right\}
\end{aligned}
$$

$$(5\text{-}69)$$

同理可得到 t 时刻第 k 条人工裂缝右翼上 n 个点汇共同对天然裂缝系统中任一点 (x,y) 产生的压力降,将所得结果与式(5-69)联立起来,就可得到第 k 条人工裂缝在 t 时刻对天然裂缝系统中任一点 (x,y) 产生的总压降:

$$p_i^2 - p_f^2(x,y,t)$$

$$= \sum_{j=1}^{n} \frac{1.274 \times 10^{-2} B_g q_{flkj} \bar{\mu} \bar{Z} T}{K_f h} \left\{ \frac{2\eta_{f+m} t}{r_e^2} - \frac{3}{4} + \frac{2K_f (1-\omega)^2}{\alpha K_m r_e^2} \right.$$

$$+ \ln \frac{r_e}{\sqrt{\left[x + \frac{1}{2}\left(\frac{2n-2j+1}{n} \right) x_{flk} \sin\alpha(k) \right]^2 + \left[y - y_{fk} - \frac{1}{2}\left(\frac{2n-2j+1}{n} \right) x_{flk} \cos\alpha(k) \right]^2}}$$

$$\left. + \frac{\left[x + \frac{1}{2}\left(\frac{2n-2j+1}{n} \right) x_{flk} \sin\alpha(k) \right]^2 + \left[y - y_{fk} - \frac{1}{2}\left(\frac{2n-2j+1}{n} \right) x_{flk} \cos\alpha(k) \right]^2}{2r_e^2} \right\}$$

$$+ \sum_{j=1}^{n} \frac{1.274 \times 10^{-2} B_g q_{frkj} \bar{\mu} \bar{Z} T}{K_f h} \left\{ \frac{2\eta_{f+m} t}{r_e^2} - \frac{3}{4} + \frac{2K_f (1-\omega)^2}{\alpha K_m r_e^2} \right.$$

$$+ \ln \frac{r_e}{\sqrt{\left[x - \frac{1}{2}\left(\frac{2j-1}{n} \right) x_{frk} \sin\beta(k) \right]^2 + \left[y - y_{fk} + \frac{1}{2}\left(\frac{2j-1}{n} \right) x_{frk} \cos\beta(k) \right]^2}}$$

$$\left. + \frac{\left[x - \frac{1}{2}\left(\frac{2j-1}{n} \right) x_{frk} \sin\beta(k) \right]^2 + \left[y - y_{fk} + \frac{1}{2}\left(\frac{2j-1}{n} \right) x_{frk} \cos\beta(k) \right]^2}{2r_e^2} \right\}$$

$$(5-70)$$

根据势叠加原理可知，把每一条人工裂缝在天然裂缝系统中点 (x,y) 处产生的压降相加，就能够得到在 t 时刻 N 条人工裂缝同时生产时对天然裂缝系统中一点 (x,y) 产生的总压降：

$$p_i^2 - p_f^2(x,y,t)$$

$$= \sum_{k=1}^{N} \left[\sum_{j=1}^{n} \frac{1.274 \times 10^{-2} B_g q_{flkj} \bar{\mu} \bar{Z} T}{K_f h} \left\{ \frac{2\eta_{f+m} t}{r_e^2} - \frac{3}{4} + \frac{2K_f (1-\omega)^2}{\alpha K_m r_e^2} \right. \right.$$

$$+ \ln \frac{r_e}{\sqrt{\left[x + \frac{1}{2}\left(\frac{2n-2j+1}{n} \right) x_{flk} \sin\alpha(k) \right]^2 + \left[y - y_{fk} - \frac{1}{2}\left(\frac{2n-2j+1}{n} \right) x_{flk} \cos\alpha(k) \right]^2}}$$

$$\left. + \frac{\left[x + \frac{1}{2}\left(\frac{2n-2j+1}{n} \right) x_{flk} \sin\alpha(k) \right]^2 + \left[y - y_{fk} - \frac{1}{2}\left(\frac{2n-2j+1}{n} \right) x_{flk} \cos\alpha(k) \right]^2}{2r_e^2} \right\}$$

$$+\sum_{j=1}^{n}\frac{1.274\times10^{-2}B_{g}q_{frkj}\bar{\mu}\bar{Z}T}{K_{f}h}\left\{\frac{2\eta_{f+m}t}{r_{e}^{2}}-\frac{3}{4}+\frac{2K_{f}(1-\omega)^{2}}{\alpha K_{m}r_{e}^{2}}\right.$$

$$+\ln\frac{r_{e}}{\sqrt{\left[x-\frac{1}{2}\left(\frac{2j-1}{n}\right)x_{frk}\sin\beta(k)\right]^{2}+\left[y-y_{fk}+\frac{1}{2}\left(\frac{2j-1}{n}\right)x_{frk}\cos\beta(k)\right]^{2}}}$$

$$\left.+\frac{\left[x-\frac{1}{2}\left(\frac{2j-1}{n}\right)x_{frk}\sin\beta(k)\right]^{2}+\left[y-y_{fk}+\frac{1}{2}\left(\frac{2j-1}{n}\right)x_{frk}\cos\beta(k)\right]^{2}}{2r_{e}^{2}}\right\}$$

$$(5\text{-}71)$$

气体从天然裂缝系统流向人工裂缝的汇入点为人工裂缝的尖端，因而需要推导出人工裂缝尖端的压力表达式。设第 i 条压裂裂缝左翼尖端处的压力和右翼尖端处的压力分别为 p_{fli} 和 p_{fri}，则第 i 条人工裂缝左翼尖端处和右翼尖端处的横、纵坐标如表 5-6 所示。

表 5-6　第 i 条人工裂缝左右尖端坐标表达式

第 i 条人工裂缝	横坐标	纵坐标
左翼尖端	$-\left(1-\frac{1}{2n}\right)x_{fli}\sin\alpha(i)$	$y_{fi}+\left(1-\frac{1}{2n}\right)x_{fli}\cos\alpha(i)$
右翼尖端	$\left(1-\frac{1}{2n}\right)x_{fri}\sin\beta(i)$	$y_{fi}-\left(1-\frac{1}{2n}\right)x_{fri}\cos\beta(i)$

将第 i 条人工裂缝左翼尖端处的坐标表达式和右翼尖端处的坐标表达式分别代入式(5-71)中就得到 t 时刻第 i 条人工裂缝左翼、右翼尖端处的压力。但是，由于人工裂缝左、右两翼并不一定关于水平井筒对称，因此取裂缝左、右两翼尖端处压力平方的平均值 p^2 作为人工裂缝尖端处的压力平方，即有

$$p^{2}=\frac{p_{fli}^{2}+p_{fri}^{2}}{2}$$

$$=p_{i}^{2}-\frac{1}{2}\left\{\sum_{k=1}^{N}\left[\sum_{j=1}^{n}\frac{1.274\times10^{-2}B_{g}q_{flkj}\bar{\mu}\bar{Z}T}{K_{f}h}\left\{\frac{2\eta_{f+m}t}{r_{e}^{2}}-\frac{3}{4}+\frac{2K_{f}(1-\omega)^{2}}{\alpha K_{m}r_{e}^{2}}\right.\right.\right.$$

$$+\ln\frac{r_{e}}{\sqrt{\left[-\left(1-\frac{1}{2n}\right)x_{fli}\sin\alpha(i)+\frac{1}{2}\left(\frac{2n-2j+1}{n}\right)x_{flk}\sin\alpha(k)\right]^{2}+\left[y_{fi}+\left(1-\frac{1}{2n}\right)x_{fli}\cos\alpha(i)-y_{fk}-\frac{1}{2}\left(\frac{2n-2j+1}{n}\right)x_{flk}\cos\alpha(k)\right]^{2}}}$$

$$+\frac{\left[-\left(1-\frac{1}{2n}\right)x_{fli}\sin\alpha(i)+\frac{1}{2}\left(\frac{2n-2j+1}{n}\right)x_{flk}\sin\alpha(k)\right]^{2}+\left[y_{fi}+\left(1-\frac{1}{2n}\right)x_{fli}\cos\alpha(i)-y_{fk}-\frac{1}{2}\left(\frac{2n-2j+1}{n}\right)x_{flk}\cos\alpha(k)\right]^{2}}{2r_{e}^{2}}\right\}$$

$$+\sum_{j=1}^{n}\frac{1.274\times10^{-2}B_{g}q_{frkj}\bar{\mu}\bar{Z}T}{K_{f}h}\left\{\frac{2\eta_{f+m}t}{r_{e}^{2}}-\frac{3}{4}+\frac{2K_{f}(1-\omega)^{2}}{\alpha K_{m}r_{e}^{2}}\right.$$

$$+\ln\frac{r_{e}}{\sqrt{\left[-\left(1-\frac{1}{2n}\right)x_{fli}\sin\alpha(i)-\frac{1}{2}\left(\frac{2j-1}{n}\right)x_{frk}\sin\beta(k)\right]^{2}+\left[y_{fi}+\left(1-\frac{1}{2n}\right)x_{fli}\cos\alpha(i)-y_{fk}+\frac{1}{2}\left(\frac{2j-1}{n}\right)x_{frk}\cos\beta(k)\right]^{2}}}$$

$$\left.+\frac{\left[-\left(1-\frac{1}{2n}\right)x_{fli}\sin\alpha(i)-\frac{1}{2}\left(\frac{2j-1}{n}\right)x_{frk}\sin\beta(k)\right]^{2}+\left[y_{fi}+\left(1-\frac{1}{2n}\right)x_{fli}\cos\alpha(i)-y_{fk}+\frac{1}{2}\left(\frac{2j-1}{n}\right)x_{frk}\cos\beta(k)\right]^{2}}{2r_{e}^{2}}\right]$$

$$+\sum_{k=1}^{N}\left[\sum_{j=1}^{n}\frac{1.274\times10^{-2}B_{g}q_{flkj}\bar{\mu}\bar{Z}T}{K_{f}h}\left\{\frac{2\eta_{f+m}t}{r_{e}^{2}}-\frac{3}{4}+\frac{2K_{f}(1-\omega)^{2}}{\alpha K_{m}r_{e}^{2}}\right.\right.$$

$$+\ln\frac{r_{e}}{\sqrt{\left[\left(1-\frac{1}{2n}\right)x_{fri}\sin\beta(i)+\frac{1}{2}\left(\frac{2n-2j+1}{n}\right)x_{flk}\sin\alpha(k)\right]^{2}+\left[y_{fi}-\left(1-\frac{1}{2n}\right)x_{fri}\cos\beta(i)-y_{fk}-\frac{1}{2}\left(\frac{2n-2j+1}{n}\right)x_{flk}\cos\alpha(k)\right]^{2}}}$$

$$\left.+\frac{\left[\left(1-\frac{1}{2n}\right)x_{fri}\sin\beta(i)+\frac{1}{2}\left(\frac{2n-2j+1}{n}\right)x_{flk}\sin\alpha(k)\right]^{2}+\left[y_{fi}-\left(1-\frac{1}{2n}\right)x_{fri}\cos\beta(i)-y_{fk}-\frac{1}{2}\left(\frac{2n-2j+1}{n}\right)x_{flk}\cos\alpha(k)\right]^{2}}{2r_{e}^{2}}\right\}$$

$$+\sum_{j=1}^{n}\frac{1.274\times10^{-2}B_{g}q_{frkj}\bar{\mu}\bar{Z}T}{K_{f}h}\left\{\frac{2\eta_{f+m}t}{r_{e}^{2}}-\frac{3}{4}+\frac{2K_{f}(1-\omega)^{2}}{\alpha K_{m}r_{e}^{2}}\right.$$

$$+\ln\frac{r_{e}}{\sqrt{\left[\left(1-\frac{1}{2n}\right)x_{fri}\sin\beta(i)-\frac{1}{2}\left(\frac{2j-1}{n}\right)x_{frk}\sin\beta(k)\right]^{2}+\left[y_{fi}-\left(1-\frac{1}{2n}\right)x_{fri}\cos\beta(i)-y_{fk}+\frac{1}{2}\left(\frac{2j-1}{n}\right)x_{frk}\cos\beta(k)\right]^{2}}}$$

$$\left.\left.+\frac{\left[\left(1-\frac{1}{2n}\right)x_{fri}\sin\beta(i)-\frac{1}{2}\left(\frac{2j-1}{n}\right)x_{frk}\sin\beta(k)\right]^{2}+\left[y_{fi}-\left(1-\frac{1}{2n}\right)x_{fri}\cos\beta(i)-y_{fk}+\frac{1}{2}\left(\frac{2j-1}{n}\right)x_{frk}\cos\beta(k)\right]^{2}}{2r_{e}^{2}}\right\}\right]\right\}$$

$$(5-72)$$

5.5.3　拟稳定时期产量预测模型

分别设第 k 条人工裂缝左、右翼上第 j 段的产气量为 q_{flkj} 和 q_{frkj}，则：

$$q_{flkj}=\frac{x_{flk}}{n(x_{flk}+x_{frk})}q_{fk}\quad,\quad q_{frkj}=\frac{x_{frk}}{n(x_{flk}+x_{frk})}q_{fk} \qquad (5-73)$$

气体从人工裂缝流向水平井筒的过程可以表示为

$$p^{2}-p_{wfi}^{2}=\frac{1.291\times10^{-3}B_{g}q_{fi}\bar{\mu}\bar{Z}T}{K_{lfi}w_{i}}\left(\ln\frac{\sqrt{\dfrac{(x_{fli}+x_{fri})h}{\pi}}}{r_{w}}+s\right) \qquad (5-74)$$

由于气体在水平井筒内流动时的压降损失对水平井分段压裂产量影响极小，

故可忽略不计，因此人工裂缝底部压力可近似认为与井底流压相等，则 $p_{wf1}=p_{wf2}=\cdots=p_{wfN}=p_{wf}$，再联立式(5-72)～式(5-74)就可以得到分段压裂水平气井在拟稳定渗流时期的产量预测模型：

$$p_i^2-p_{wf}^2=\frac{1}{2}\left\{\sum_{k=1}^{N}\left[\sum_{j=1}^{n}\frac{1.274\times10^{-2}B_g x_{flk}q_{fk}\bar{\mu}\bar{Z}T}{n(x_{flk}+x_{frk})K_f h}\left\{\frac{2\eta_{f+m}t}{r_e^2}-\frac{3}{4}+\frac{2K_f(1-\omega)^2}{\alpha K_m r_e^2}+\ln\frac{r_e}{\sqrt{A}}+\frac{A}{2r_e^2}\right\}\right.\right.$$
$$+\sum_{j=1}^{n}\frac{1.274\times10^{-2}B_g x_{frk}q_{fk}\bar{\mu}\bar{Z}T}{n(x_{flk}+x_{frk})K_f h}\left\{\frac{2\eta_{f+m}t}{r_e^2}-\frac{3}{4}+\frac{2K_f(1-\omega)^2}{\alpha K_m r_e^2}+\ln\frac{r_e}{\sqrt{B}}+\frac{B}{2r_e^2}\right\}\right]$$
$$+\sum_{k=1}^{N}\left[\sum_{j=1}^{n}\frac{1.274\times10^{-2}B_g x_{flk}q_{fk}\bar{\mu}\bar{Z}T}{n(x_{flk}+x_{frk})K_f h}\left\{\frac{2\eta_{f+m}t}{r_e^2}-\frac{3}{4}+\frac{2K_f(1-\omega)^2}{\alpha K_m r_e^2}+\ln\frac{r_e}{\sqrt{C}}+\frac{C}{2r_e^2}\right\}\right.$$
$$\left.\left.+\sum_{j=1}^{n}\frac{1.274\times10^{-2}B_g x_{frk}q_{fk}\bar{\mu}\bar{Z}T}{n(x_{flk}+x_{frk})K_f h}\left\{\frac{2\eta_{f+m}t}{r_e^2}-\frac{3}{4}+\frac{2K_f(1-\omega)^2}{\alpha K_m r_e^2}+\ln\frac{r_e}{\sqrt{D}}+\frac{D}{2r_e^2}\right\}\right]\right\}$$
$$+\frac{1.291\times10^{-3}B_g q_{fi}\bar{\mu}\bar{Z}T}{K_i w_i}\left(\ln\frac{\sqrt{(x_{fli}+x_{fri})h}}{\sqrt{\pi}r_w}+s\right)$$

(5-75)

其中，

$$A=\left[-\left(1-\frac{1}{2n}\right)x_{fli}\sin\alpha(i)+\frac{1}{2}\left(\frac{2n-2j+1}{n}\right)x_{flk}\sin\alpha(k)\right]^2$$
$$+\left[y_{fi}+\left(1-\frac{1}{2n}\right)x_{fli}\cos\alpha(i)-y_{fk}-\frac{1}{2}\left(\frac{2n-2j+1}{n}\right)x_{flk}\cos\alpha(k)\right]^2;$$
$$B=\left[-\left(1-\frac{1}{2n}\right)x_{fli}\sin\alpha(i)-\frac{1}{2}\left(\frac{2j-1}{n}\right)x_{frk}\sin\beta(k)\right]^2$$
$$+\left[y_{fi}+\left(1-\frac{1}{2n}\right)x_{fli}\cos\alpha(i)-y_{fk}+\frac{1}{2}\left(\frac{2j-1}{n}\right)x_{frk}\cos\beta(k)\right]^2;$$
$$C=\left[\left(1-\frac{1}{2n}\right)x_{fri}\sin\beta(i)+\frac{1}{2}\left(\frac{2n-2j+1}{n}\right)x_{flk}\sin\alpha(k)\right]^2$$
$$+\left[y_{fi}-\left(1-\frac{1}{2n}\right)x_{fri}\cos\beta(i)-y_{fk}-\frac{1}{2}\left(\frac{2n-2j+1}{n}\right)x_{flk}\cos\alpha(k)\right]^2;$$
$$D=\left[\left(1-\frac{1}{2n}\right)x_{fri}\sin\beta(i)-\frac{1}{2}\left(\frac{2j-1}{n}\right)x_{frk}\sin\beta(k)\right]^2$$
$$+\left[y_{fi}-\left(1-\frac{1}{2n}\right)x_{fri}\cos\beta(i)-y_{fk}+\frac{1}{2}\left(\frac{2j-1}{n}\right)x_{frk}\cos\beta(k)\right]^2.$$

式(5-75)是一个含有 N 个未知数和 N 个方程的方程组，可以采用迭代法封闭求解。由于水平井筒除了与人工裂缝相交处外，其余部分均为封闭的，因此分段压裂水平气井在拟稳定时期的总产量可以表示为

$$Q = \sum_{k=1}^{N} q_{\text{fk}} \tag{5-76}$$

5.6　模　型　求　解

本章前几节在双重介质气藏渗流理论、复位势理论和压降叠加原理的基础上，分别建立了考虑天然裂缝影响的分段压裂水平气井在不稳定渗流早期、不稳定渗流晚期和拟稳定渗流时期的产量预测数学模型。然而，为了能够根据实际生产情况，在不同的渗流阶段选择相应的产量预测公式进行计算，还需要先求出不稳定渗流早期与不稳定渗流晚期，以及不稳定渗流晚期与拟稳定渗流时期的渗流时间转变点。

首先求取不稳定渗流早期与不稳定渗流晚期的渗流时间转变点。联立式 (5-23) 和式 (5-55)，并用井底压力形式表示，则有

$$\ln\left(\frac{2.25\eta_{\text{f+m}}t_z}{\omega r_{\text{w}}^2}\right) = \ln\left(\frac{r_{\text{e}}}{r_{\text{w}}}\right)^2 - \frac{3}{2} + \frac{4\eta_{\text{f+m}}t_z}{r_{\text{e}}^2} + \frac{r_{\text{w}}^2}{r_{\text{e}}^2}$$
$$+ \frac{4K_{\text{f}}\left(1-\omega\right)^2}{\alpha K_{\text{m}}r_{\text{e}}^2}\left[1 - \exp\left(-\frac{\alpha K_{\text{m}}\eta_{\text{f+m}}t_z}{K_{\text{f}}\omega(1-\omega)}\right)\right] \tag{5-77}$$

考虑到 r_{w} 远小于 r_{e}，式(5-77)可以简化为

$$\ln\left(\frac{2.25\eta_{\text{f+m}}t_z}{\omega r_{\text{e}}^2}\right) = \frac{4\eta_{\text{f+m}}t_z}{r_{\text{e}}^2} + \frac{4K_{\text{f}}\left(1-\omega\right)^2}{\alpha K_{\text{m}}r_{\text{e}}^2}\left[1 - \exp\left(-\frac{\alpha K_{\text{m}}\eta_{\text{f+m}}t_z}{K_{\text{f}}\omega(1-\omega)}\right)\right] - 1.5 \tag{5-78}$$

式中，t_z——不稳定渗流早期与不稳定渗流晚期的渗流时间转变点，d。

式(5-78)为超越方程，无法直接求解，因此将该式两边分别设为如下两个方程：

$$y = \ln\left(\frac{2.25\eta_{\text{f+m}}t_z}{\omega r_{\text{e}}^2}\right) \tag{5-79}$$

$$y = \frac{4\eta_{\text{f+m}}t_z}{r_{\text{e}}^2} + \frac{4K_{\text{f}}\left(1-\omega\right)^2}{\alpha K_{\text{m}}r_{\text{e}}^2}\left[1 - \exp\left(-\frac{\alpha K_{\text{m}}\eta_{\text{f+m}}t_z}{K_{\text{f}}\omega(1-\omega)}\right)\right] - 1.5 \tag{5-80}$$

在实际计算时代入相应数据计算式(5-79)和式(5-80)的函数曲线图，找到两个函数图的交点作为方程的解，就可确定出不稳定渗流早期与不稳定渗流晚期的

渗流时间转变点 t_z。对于双重介质地层而言，一般可以认为当 $t=3t_z$ 时渗流到达拟稳定阶段[82]，因而只要代入实际井的数据求出 t_z 就可以同时确定出不稳定渗流早期与不稳定渗流晚期的渗流时间转变点，以及不稳定渗流晚期与拟稳定渗流时期的渗流时间转变点。

当求出各阶段的渗流时间转变点之后，就可按照分段压裂水平气井的实际生产情况，在不同的渗流时期选择相应的产量预测公式进行计算，这样就能够更加准确地计算气井的产量。计算流程图如图 5-15 所示。

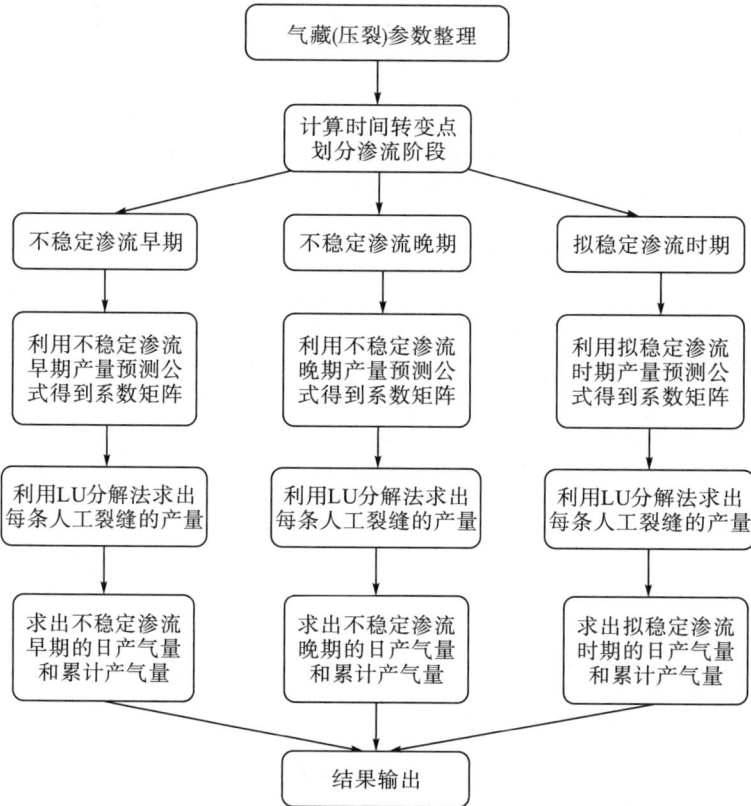

图 5-15　水平井分段压裂产量计算流程图

第6章 水平井分段压裂产量影响因素分析

6.1 实 例 验 证

为了验证产量预测模型的准确性,应用所编制的"分段压裂水平气井产量模拟程序"对苏里格气田中部的一口分段压裂水平井 X(以下简称为苏 X 井)进行模拟计算,然后将计算结果与实际产量进行对比分析。基本输入参数见表 6-1 和表 6-2。

表 6-1 气藏参数表

气藏厚度/m	10	生产时间/d	365
原始地层压力/MPa	29	井底流压/MPa	12.987
基质系统渗透率/mD	0.39	天然裂缝系统渗透率/mD	100
基质系统孔隙度	0.087	天然裂缝系统孔隙度	0.005
水平井筒半径/m	0.076	边界半径/m	1500
气体体积系数	0.03691	天然气比重	0.7
表皮系数	0	温度/℃	90

表 6-2 人工裂缝参数表

左翼裂缝长度/m	166, 153.3, 151.7, 167.9, 149, 168, 144.3
右翼裂缝长度/m	156, 163.3, 161.7, 157.9, 155, 151.6, 154.3
裂缝宽度/mm	5, 4, 4, 5, 5, 4, 3
裂缝间距/m	170, 170, 200, 160, 170, 200
左翼裂缝夹角/(°)	30, 40, 30, 40, 30, 40, 35
右翼裂缝夹角/(°)	130, 30, 65, 50, 145, 30, 150
裂缝渗透率/Dc	12, 12, 11, 13, 10, 11, 12

输入苏 X 井的基本参数,计算出该井不稳定渗流早期与不稳定渗流晚期,以及不稳定渗流晚期与拟稳定渗流时期的渗流时间转变点。将计算的两个方程的函数曲线图显示在 Excel 软件中,如图 6-1 所示,图中横坐标为时间,纵坐标参数无因次。

从图 6-1 可以看出,两条曲线仅存在一个交点,该点即为不稳定渗流早期与不稳定渗流晚期的渗流时间转变点,该点对应的 t_z 值为 69 天,则不稳定渗流晚期与拟稳定渗流时期的渗流时间转变点为 207 天。

在计算出该气井不同渗流阶段的时间转变点之后,就可以对气井在不同渗流时期的产量进行模拟计算，从而更准确地预测气井的产量，具体见表 6-3。

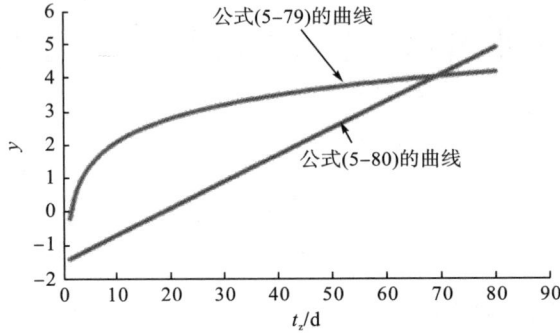

图 6-1 函数曲线逼近图

表 6-3 产量计算公式选择表

生产时间/d	渗流阶段	产量计算公式
0~69	不稳定渗流早期	式(5-38)
69~207	不稳定渗流晚期	式(5-62)
207~	拟稳定渗流时期	式(5-75)

利用苏 X 井数据模拟计算产量结果如图 6-2～图 6-5 所示。

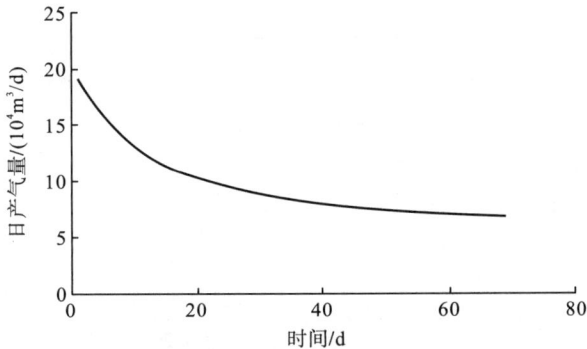

图 6-2 不稳定渗流早期产量

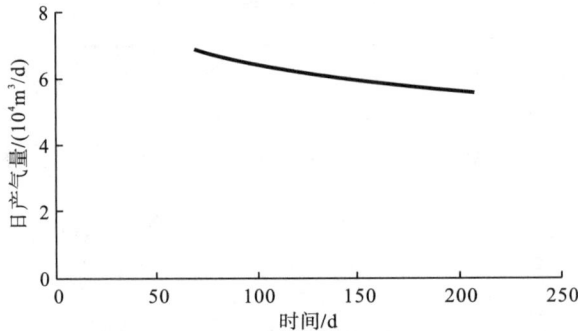

图 6-3 不稳定渗流晚期产量

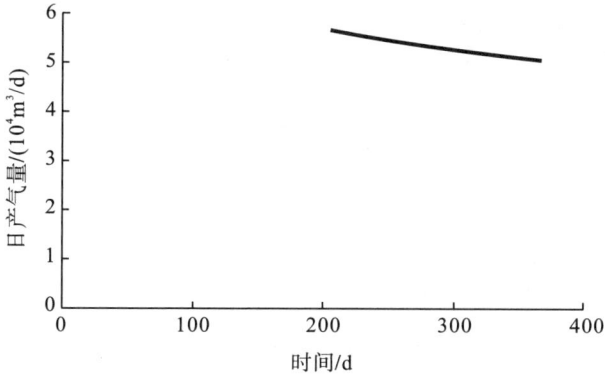

图 6-4　拟稳定渗流时期产量

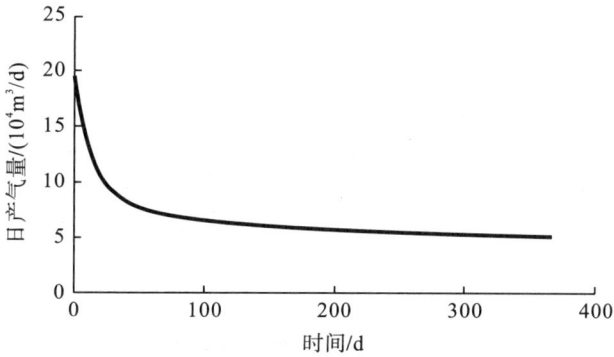

图 6-5　日产气量随时间变化的总体关系

　　由此可以看出在不稳定渗流早期，分段压裂水平气井在投产初期的日产气量较高，但其随时间递减很快。气井进入不稳定渗流晚期之后，日产气量虽然继续递减但递减速率不断减小。而在拟稳定渗流时期，产量递减速率逐渐趋于平稳，气井进入"稳产期"。

　　将苏 X 井的压后实际生产数据在 Excel 软件中进行拟合，最终得出实际日产气量随生产时间的变化关系如图 6-6 所示。

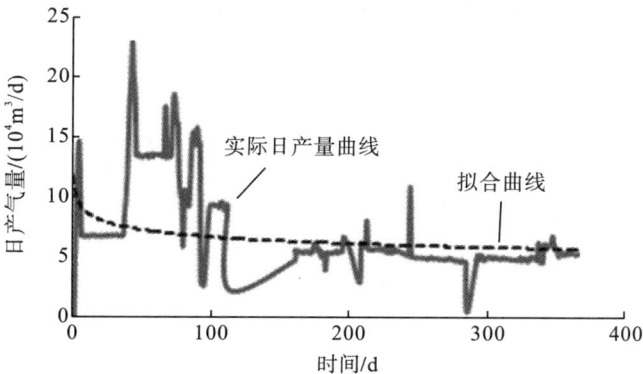

图 6-6　苏 X 井实际日产气量

图 6-6 表明，苏 X 井在生产初期产量较高但下降很快，后期产量递减速率逐渐趋于平稳。为了更直观地观察模型计算结果和实际生产数据之间的关系，将两者放到同一个图中进行比较，如图 6-7 所示。

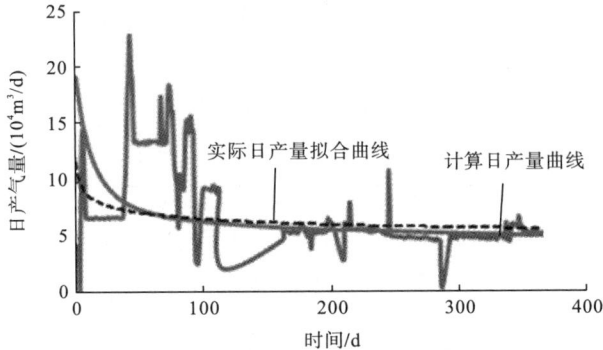

图 6-7　苏 X 井实际日产气量与计算日产气量对比

从图 6-7 可以看出，该井实际日产气量随时间的拟合曲线与模型计算结果非常接近。按照程序计算苏 X 井一年的平均日产气量为 $6.441\times10^4\text{m}^3/\text{d}$，而根据该井的实际生产数据得到的一年的平均日产气量为 $6.024\times10^4\text{m}^3/\text{d}$，两者的误差仅为 6.47%。由此证明使用本书推导的水平井分段压裂产量预测模型进行产量模拟计算是可行的。

6.2　地层参数影响分析

分段压裂水平井的产量受地层参数的影响极大，甚至在一定程度上，储层物性的好坏决定着压裂的有效性。本节主要模拟分析气藏厚度、井底流压、基质系统孔隙度和天然裂缝系统渗透率等地层参数对水平井分段压裂产量的影响。

1. 气藏厚度

仍使用苏 X 井的数据进行分析。分别取气藏厚度为 5m、10m、15m 进行模拟计算，其他地层参数见表 6-1。模拟计算结果如图 6-8～图 6-11 所示。

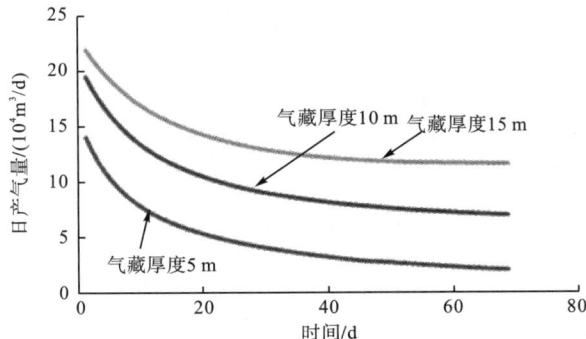

图 6-8　不稳定渗流早期产量与气藏厚度的关系

　　图 6-8 表明在不稳定渗流早期，气藏厚度对分段压裂水平气井产量的影响很大。总体来说，气藏厚度越大，压后产量越高，且在投产初期，气井往往有较高的产量，但随着时间的增加，产量的递减速率也很快。

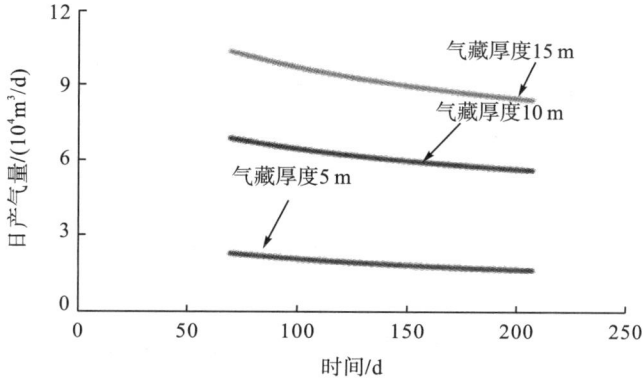

图 6-9　不稳定渗流晚期产量与气藏厚度的关系

　　图 6-9 表明在不稳定渗流晚期，分段压裂水平气井的产量随着气藏厚度的增大而增大。当气藏厚度只有 5m 时，该阶段的初期日产气量仅有 $2.3 \times 10^4 m^3/d$，但是当气藏厚度增加到 15m 时，该阶段的初期日产气量超过了 $10 \times 10^4 m^3/d$。总体来说，在不稳定渗流晚期，产气量的递减速率呈逐渐变缓的趋势。

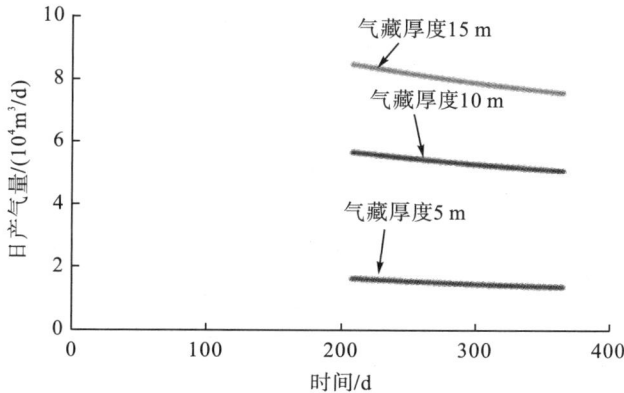

图 6-10　拟稳定渗流时期产量与气藏厚度的关系

　　从图 6-10 可以看出，当渗流进入拟稳定阶段后，压后产量的递减速率已经逐渐趋于平稳。当气藏厚度只有 5m 时，压后产气量仅从 $1.65 \times 10^4 m^3/d$ 左右下降至 $1.36 \times 10^4 m^3/d$ 左右；当气藏厚度增加到 15m 时，气井产量仅从 $8.47 \times 10^4 m^3/d$ 左右下降至 $7.59 \times 10^4 m^3/d$ 左右，日产气量的下降幅度均不超过 $1 \times 10^4 m^3$。但在拟稳定渗流阶段，总体上仍然表现出气藏厚度越大产量越高的特点。

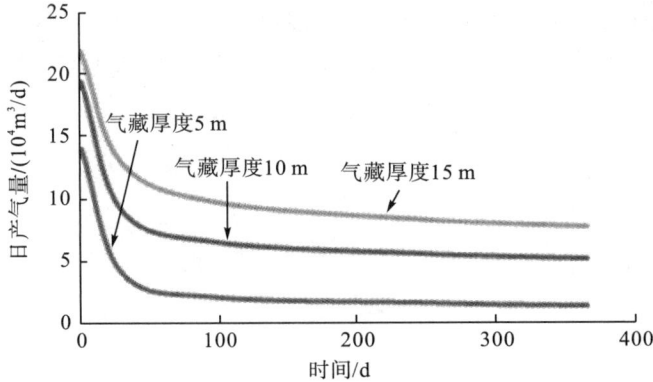

图 6-11　总体产量与气藏厚度的关系

图 6-11 表明在分段压裂水平气井的整个生产过程中，压后日产气量随着气藏厚度的增加而不断上升，且气藏厚度对于气井产量的影响幅度是很大的。因此可以说明气藏厚度是影响水平井分段压裂效果的一个关键参数。但同时可以发现，由于人工裂缝参数是一定的，产气量的增加幅度随着气藏厚度的增加而逐渐变缓。

2. 井底流压

仍使用苏 X 井的数据进行分析。分别取井底流压为 10MPa、14MPa、18MPa进行模拟计算，其他地层参数见表 6-1。模拟计算结果如图 6-12～图 6-15 所示。

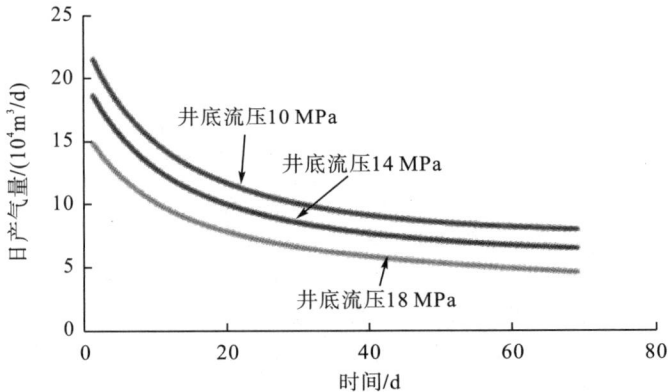

图 6-12　不稳定渗流早期产量与井底流压的关系

图 6-12 表明在不稳定渗流早期，井底流压对于分段压裂水平气井的产量影响不算太大，因为当井底流压为 10MPa 时的初期日产气量在 $21.4 \times 10^4 \text{m}^3/\text{d}$ 左右，而井底流压上升至 18MPa 时的初期日产气量在 $15 \times 10^4 \text{m}^3/\text{d}$ 左右。在不稳定渗流早期结束时，10MPa 井底流压所对应的日产气量为 $8 \times 10^4 \text{m}^3/\text{d}$，18MPa 井底流压所对应的日产气量为 $5 \times 10^4 \text{m}^3/\text{d}$，两者相差不是很大。总体上呈现出井底流压越

大产量越低的趋势。

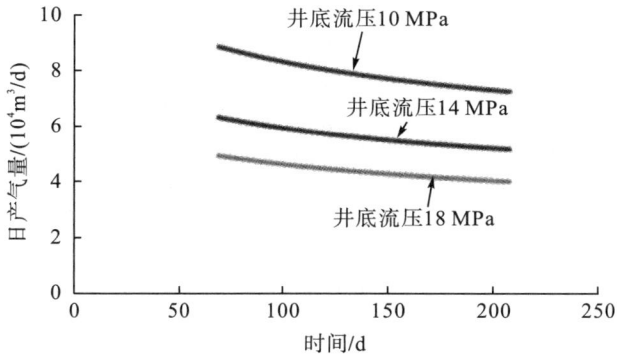

图 6-13　不稳定渗流晚期产量与井底流压的关系

从图 6-13 可以看出，在不稳定渗流晚期，压后产量随着井底流压的增大而减小，且下面两条曲线之间的垂直距离明显小于上面两条曲线之间的垂直距离，即当生产时间相同时，随着井底流压的增大，由于压裂裂缝条数和导流能力是一定的，分段压裂水平气井产量的下降幅度越来越小。

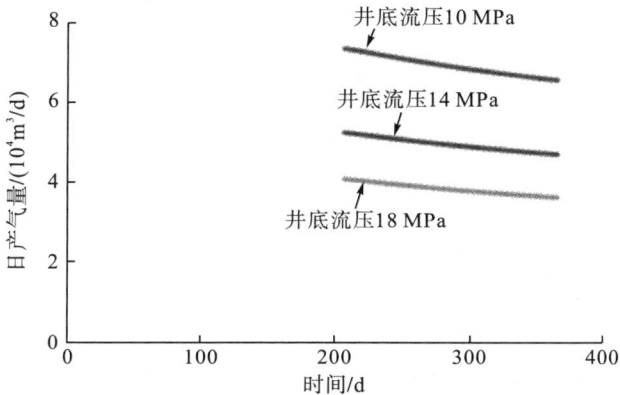

图 6-14　拟稳定渗流时期产量与井底流压的关系

从图 6-14 可以看出，在相同的生产时间内，随着井底流压的减小，分段压裂水平井产气量的增加幅度越来越大，即拟稳定渗流时期井底流压对气井产量的影响情况与不稳定渗流晚期比较类似，但产量下降的趋势进一步有所减缓。

图 6-15 表明在分段压裂水平气井的整个生产过程中，随着井底流压的增加，压后产气量不断降低，即井底流压越小，压后产气量越高。同时可以看出，井底流压的改变对气井初期产量的影响幅度不算很大，但在生产的中后期，气井产量对井底流压变化的敏感度有所增强。

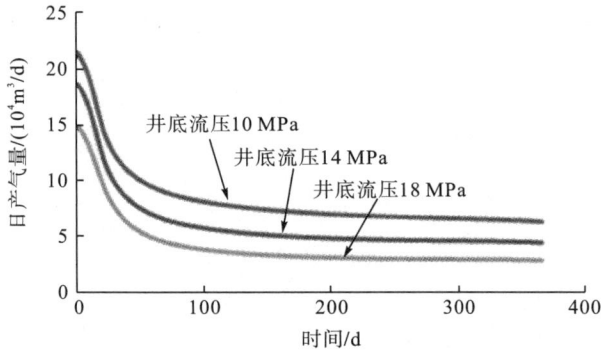

图 6-15   总体产量与井底流压的关系

3. 基质系统孔隙度

仍使用苏 X 井的数据进行分析。分别取基质系统孔隙度为 0.05、0.1、0.15 进行模拟计算，其他地层参数见表 6-1。模拟计算结果如图 6-16～图 6-19 所示。

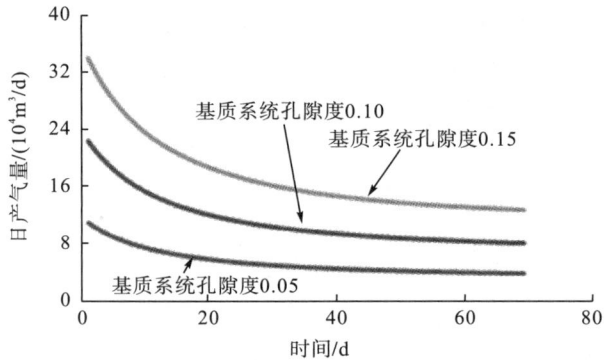

图 6-16   不稳定渗流早期产量与基质系统孔隙度的关系

图 6-16 表明在不稳定渗流早期，基质系统孔隙度对分段压裂水平气井的产量影响很大，特别是在气井投产初期，当基质系统孔隙度为 0.05 时，气井日产量仅为 $10.9×10^4 m^3/d$，而当基质系统孔隙度为 0.15 时，气井日产量则高达 $34×10^4 m^3/d$。

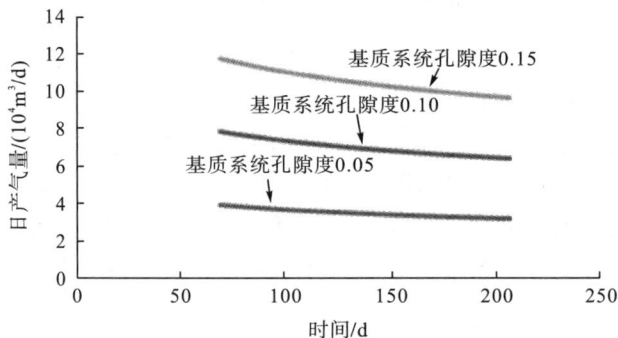

图 6-17   不稳定渗流晚期产量与基质系统孔隙度的关系

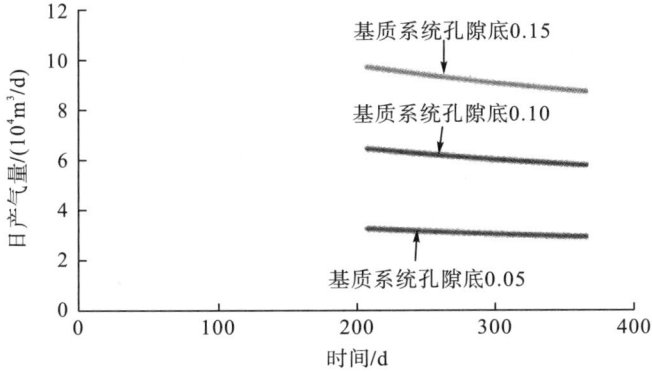

图 6-18　拟稳定渗流时期产量与基质系统孔隙度的关系

从图 6-17 和图 6-18 可以看出，当压力波传到封闭边界，气井进入不稳定渗流晚期，最终达到拟稳定渗流时期，基质系统孔隙度依然会对分段压裂水平气井的产量产生重大影响，但产量随时间的递减趋势不断减小。

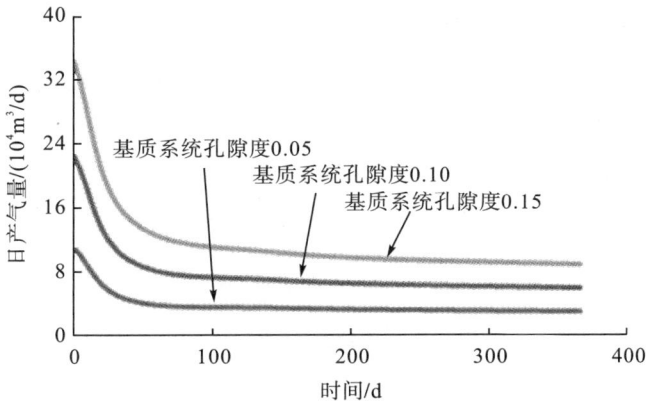

图 6-19　总体产量与基质系统孔隙度的关系

从图 6-19 可以看出，在分段压裂水平气井的整个生产过程中，压后产气量随着基质系统孔隙度的增加而不断上升，即基质系统孔隙度越大，压后气井产量越高。特别是在投产初期，基质系统孔隙度的增大将使得气井产量得到大幅度增加，但随着生产的进行，产量的递减速率也很快，即说明基质系统孔隙度对产量的影响具有"高孔隙度-高产量-高递减率，低孔隙度-低产量-低递减率"的特点。

4. 天然裂缝系统渗透率

仍使用苏 X 井的数据进行分析。分别取天然裂缝系统渗透率为 70mD、100mD、130mD 进行模拟计算，其他地层参数见表 6-1。模拟计算结果如图 6-20～图 6-23 所示。

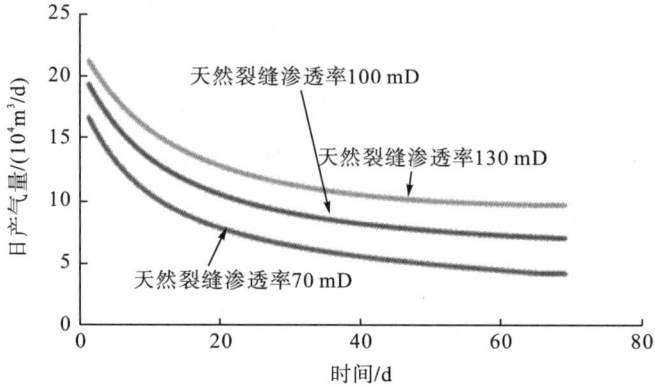

图 6-20   不稳定渗流早期产量与天然裂缝系统渗透率的关系

图 6-20 表明在不稳定渗流早期水平井分段压裂的产量随着天然裂缝系统渗透率的增大而不断上升。但总体上天然裂缝系统渗透率对于压后产量的影响幅度并不太大，特别是在投产初期，天然裂缝系统渗透率分别为 70mD 与 130mD 时的日产气量只相差 $4.4×10^4$ m^3/d 左右。

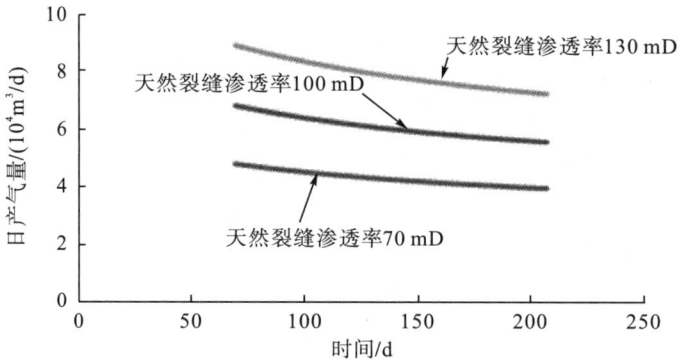

图 6-21   不稳定渗流晚期产量与天然裂缝系统渗透率的关系

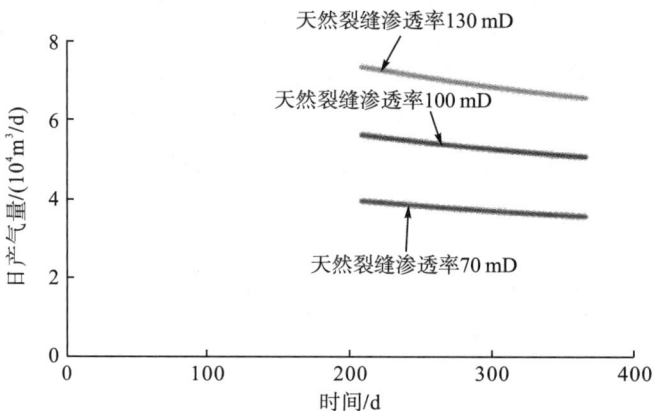

图 6-22   拟稳定渗流时期产量与天然裂缝系统渗透率的关系

从图 6-21 和图 6-22 可以看出，在不稳定渗流晚期和拟稳定渗流时期，随着天然裂缝系统渗透率的改变，水平井分段压裂的产气量呈现出较为相似的变化趋势，但产量的变化量比较小。

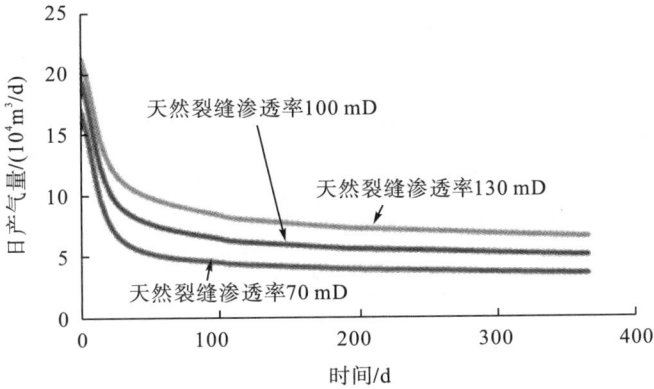

图 6-23 总体产量与天然裂缝系统渗透率的关系

从图 6-23 可以看出，在分段压裂水平气井的整个生产过程中，随着天然裂缝系统渗透率的增加，压后产气量不断上升，即天然裂缝系统渗透率越大压后产量越高，但总体上天然裂缝系统渗透率的增加对压后产量的提升的贡献不大。

6.3 人工裂缝参数影响分析

6.3.1 单一因素影响分析

分段压裂水平气井产量的变化除了会受到地层参数的影响之外，在很大程度上还会受到人工裂缝参数的影响。一般来讲，一个开发区块的地层参数相对来说是确定的，但是同一区块不同压裂井的人工裂缝参数却有着较大的差异。本节主要模拟分析人工裂缝参数的变化对水平井分段压裂产量的影响。人工裂缝参数包括人工裂缝的条数、长度、宽度、缝间距、渗透率，以及其与水平井筒之间的夹角。

1. 人工裂缝条数

分别取人工裂缝为 6、7、8 条进行模拟计算，其他人工裂缝参数见表 6-2。模拟计算结果如图 6-24～图 6-27 所示。

图 6-24 表明在不稳定渗流早期，人工裂缝条数对水平井分段压裂产量的影响是很大的。当只有 6 条人工裂缝时的初期日产气量仅为 $6×10^4m^3/d$，但是当人工裂缝条数增加到 8 条时的初期日产气量高达 $47×10^4m^3/d$。总体上在投产初期，气井会有较高的产量，但是随着生产的进行产量下降很快，虽然存在 8 条人工裂缝时的初期产量很高，但是产量的递减率也很大，到不稳定渗流早期结束时

产量下降至 $11.5×10^4 m^3/d$。而存在 6 条人工裂缝时产量只是从 $6×10^4 m^3/d$ 下降至 $3.3×10^4 m^3/d$，即人工裂缝条数对水平井分段压裂产量的影响存在"多裂缝-高产量-高递减率，少裂缝-低产量-低递减率"的特点。

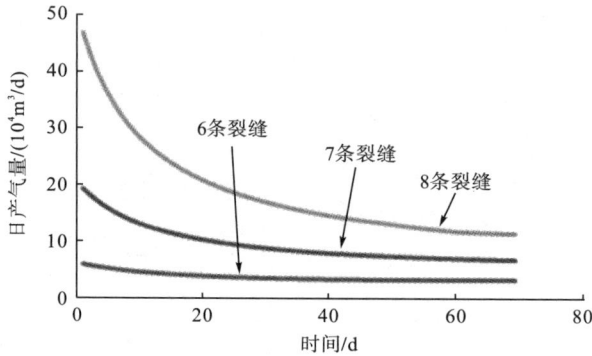

图 6-24　不稳定渗流早期产量与人工裂缝条数的关系

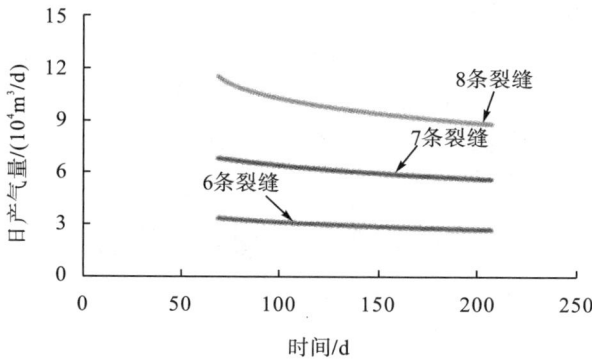

图 6-25　不稳定渗流晚期产量与人工裂缝条数的关系

从图 6-25 可以看出，在不稳定渗流晚期，人工裂缝条数仍然会对分段压裂水平气井的产量产生重大影响，且人工裂缝每增加一条，分段压裂水平气井的产量几乎成倍增长。

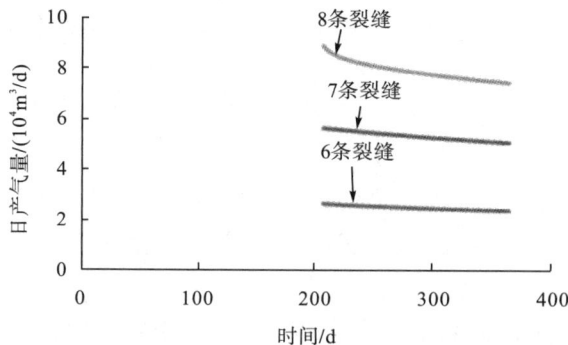

图 6-26　拟稳定渗流时期产量与人工裂缝条数的关系

图 6-26 表明，在拟稳定渗流时期，分段压裂水平气井的日产量随着人工裂缝条数的增加而不断上升。但进入拟稳定渗流阶段后，产量的递减速率逐渐趋于平稳。

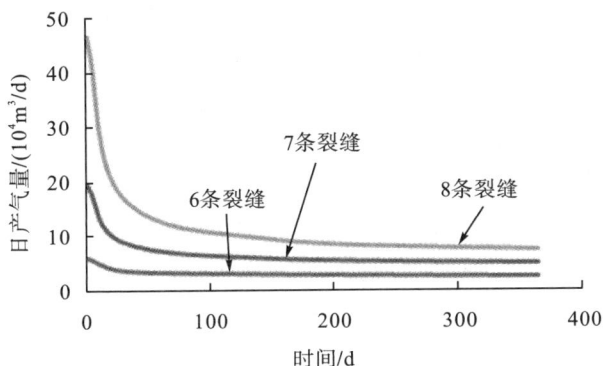

图 6-27　总体产量与人工裂缝条数的关系

图 6-27 表明，在分段压裂水平气井的整个生产过程中，压后日产量随着人工裂缝条数的增加而不断上升。总体来看，不论是几条人工裂缝生产，产量下降都很快，这是因为每条人工裂缝产生的压力波都会相互影响，从而使每条人工裂缝的产量都减小。虽然裂缝条数多了会导致产量递减更快，但是总体产量仍然远高于裂缝较少的时候。

2. 人工裂缝长度

分别取人工裂缝长度为 100m、150m、200m（左、右两翼相等）进行模拟计算，其他人工裂缝参数见表 6-2。模拟计算结果如图 6-28～图 6-31 所示。

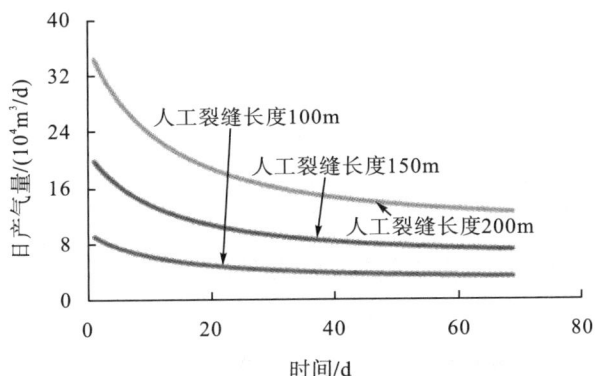

图 6-28　不稳定渗流早期产量与人工裂缝长度的关系

图 6-28 表明，在不稳定渗流早期，人工裂缝长度对水平井分段压裂产量的影响程度是很大的。当缝长只有 100m 时，压后初期产量仅为 $9 \times 10^4 \mathrm{m}^3/\mathrm{d}$ 左右，而当人工裂缝长度增大到 200m 时，压后初期产量高达 $34 \times 10^4 \mathrm{m}^3/\mathrm{d}$ 左右。总体

上，在投产初期气井会有较高的产量，但是随着生产的进行产量下降很快。虽然缝长为 200m 时的初期产量很高，但是产量的递减速率也很快，到不稳定渗流早期结束时下降至 $12.5 \times 10^4 \mathrm{m}^3/\mathrm{d}$；而缝长为 100m 时产量只是下降至 $3.1 \times 10^4 \mathrm{m}^3/\mathrm{d}$。即在不稳定渗流早期，人工裂缝长度对水平井分段压裂产量的影响存在着"长裂缝-高产量-高递减率，短裂缝-低产量-低递减率"的特点。

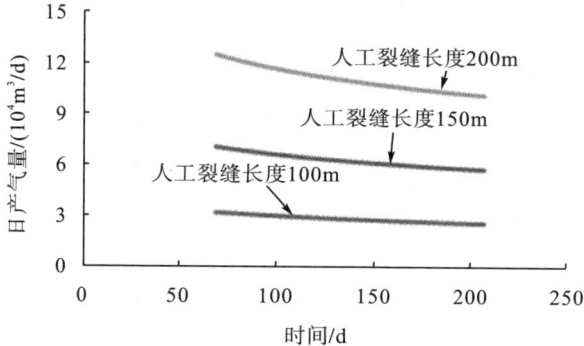

图 6-29　不稳定渗流晚期产量与人工裂缝长度的关系

图 6-29 表明，在不稳定渗流晚期，人工裂缝长度仍然对水平井分段压裂的产量产生着极大的影响。当人工裂缝长度为 100m 时，日产量都在 $3.2 \times 10^4 \mathrm{m}^3/\mathrm{d}$ 以下，但是当人工裂缝长度增大到 200m 时，日产量均在 $10 \times 10^4 \mathrm{m}^3/\mathrm{d}$ 以上。

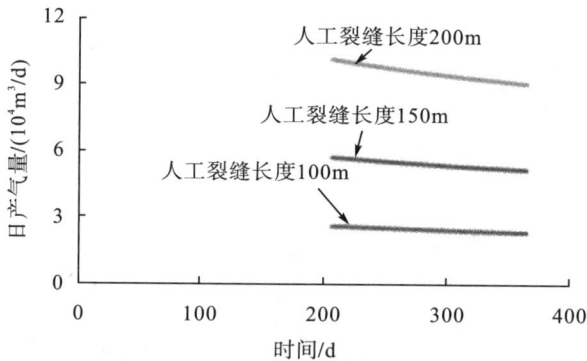

图 6-30　拟稳定渗流时期产量与人工裂缝长度的关系

图 6-30 表明，拟稳定渗流时期的气井产量的递减速率虽然进一步有所减缓，但是其对于人工裂缝长度的改变的敏感度仍然很大。

从图 6-31 可以看出，在分段压裂水平气井的整个生产过程中，压后产气量随着人工裂缝长度的增加而不断上升。同时可以看出上面两条曲线之间的垂直距离明显大于下面两条曲线之间的垂直距离，说明压后产量对缝长度变化的敏感度极大，为影响压裂效果的关键因素，同时也说明了对于低渗透储层需要造长缝以获得较好的增产改造效果。

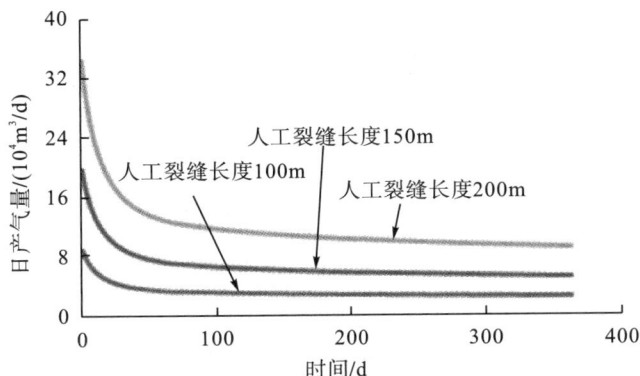

图 6-31　总体产量与人工裂缝长度的关系

3. 人工裂缝宽度

由于在实施压裂施工时选用的支撑剂种类不同,所压开的人工裂缝宽度也会不同,因而人工裂缝宽度的变化也会对分段压裂水平气井的产量产生很大的影响。分别取人工裂缝宽度为 3mm、4mm、5mm 进行模拟计算,其他人工裂缝参数见表 6-2。模拟计算结果如图 6-32～图 6-35 所示。

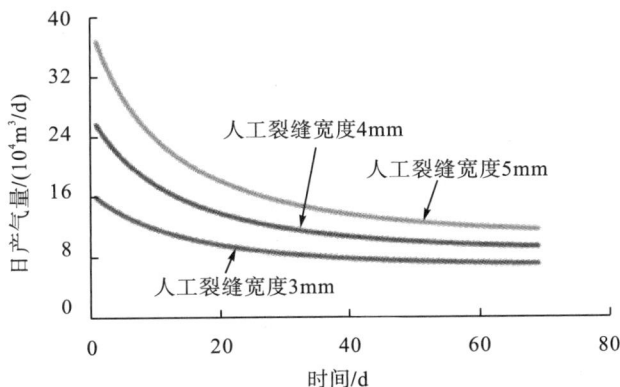

图 6-32　不稳定渗流早期产量与人工裂缝宽度的关系

图 6-32 表明,在不稳定渗流早期,随着人工裂缝宽度的增大,水平井分段压裂的产量不断上升。在气井投产初期,当人工裂缝宽度为 3mm 时,初始产量仅为 $16 \times 10^4 m^3/d$,而当人工裂缝宽度为 5mm 时,初期产气量则高达 $37 \times 10^4 m^3/d$。虽然人工裂缝宽度不同导致气井初期产量相差很大,但是到不稳定早期结束时,3mm 缝宽与 5mm 缝宽所对应的产量相差仅 $4.5 \times 10^4 m^3/d$。

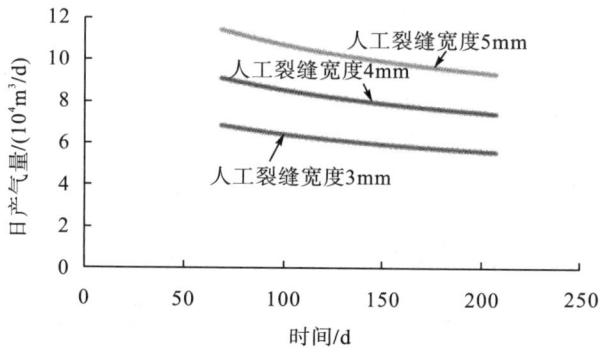

图 6-33　不稳定渗流晚期产量与人工裂缝宽度的关系

　　从图 6-33 可以看出，在不稳定渗流晚期，分段压裂水平气井的日产量随着人工裂缝宽度的增大而不断增加，但是该阶段压后产气量的递减趋势已经大幅度减缓。因为当人工裂缝宽度为 3mm 时，分段压裂水平井的日产气量在该阶段均在 $7 \times 10^4 m^3/d$ 以下，而当人工裂缝宽度为 5mm 时，气井的日产气量在该阶段均在 $9 \times 10^4 m^3/d$ 以上，两者相差并不大。

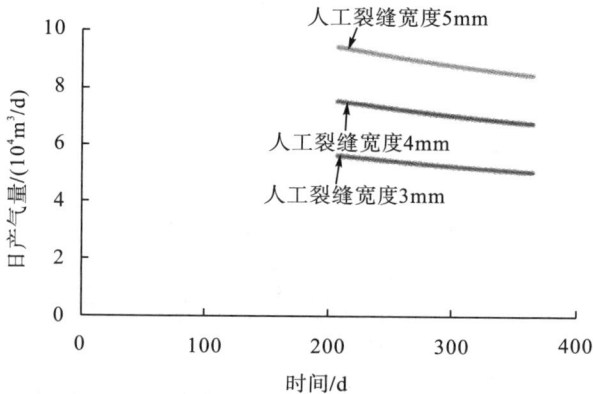

图 6-34　拟稳定渗流时期产量与人工裂缝宽度的关系

　　从图 6-34 可以看出，在拟稳定渗流时期，随着人工裂缝宽度的增大，分段压裂水平气井的产量不断增加。同时可以看出，该阶段的压后日产气量的变化趋势与不稳定渗流晚期极为相似。虽然产量下降趋势进一步有所减缓，但人工裂缝宽度的变化对压后产量的影响程度并不大。

　　从图 6-35 可以看出，在分段压裂水平气井的整个生产过程中，压后产气量随着人工裂缝宽度的增加而不断上升。虽然在投产初期，人工裂缝宽度对压后产气量的影响很大，但是"宽缝递减快、窄缝递减慢"。因此从总体上来说，人工裂缝宽度对于分段压裂水平气井产量的影响不算太大。

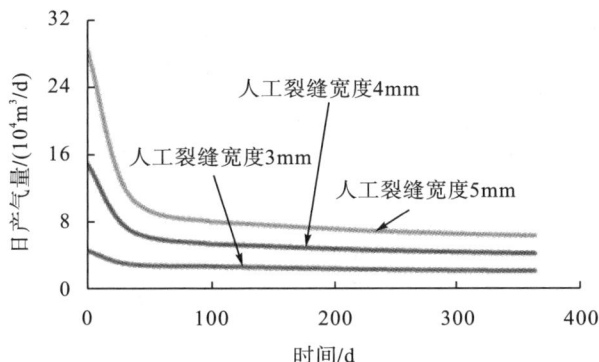

图 6-35　总体产量与人工裂缝宽度的关系

4. 人工裂缝渗透率

分别取人工裂缝渗透率为 5Dc、10Dc、15Dc 进行模拟计算，其他人工裂缝参数见表 6-2。模拟计算结果如图 6-36～图 6-39 所示。

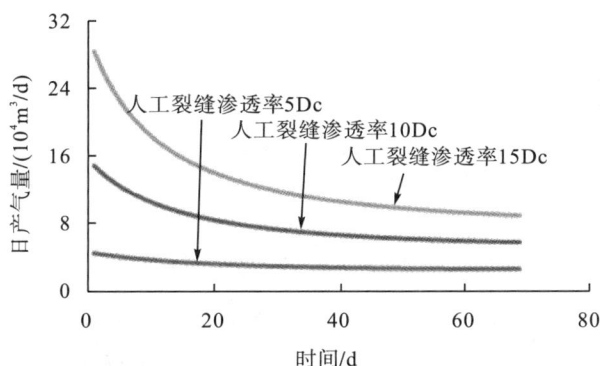

图 6-36　不稳定渗流早期产量与人工裂缝渗透率的关系

图 6-36 表明在不稳定渗流早期，人工裂缝渗透率对水平井分段压裂的日产气量影响很大。在气井投产初期，当人工裂缝渗透率为 5Dc 时，初期日产气量仅为 $4.5 \times 10^4 m^3/d$，而当渗透率为 15Dc 时，初期日产气量则达到了 $28.5 \times 10^4 m^3/d$。虽然渗透率为 15Dc 时的初期日产气量较大，但产量的递减速率也更快，到不稳定渗流早期结束时，日产气量下降至 $9 \times 10^4 m^3/d$，而当人工裂缝渗透率为 5Dc 时，日产气量仅从 $4.5 \times 10^4 m^3/d$ 下降至 $2.5 \times 10^4 m^3/d$。

从图 6-37 可以看出，在不稳定渗流晚期，随着人工裂缝渗透率的增大，分段压裂水平气井的日产量不断上升。虽然在该阶段，压后产气量的递减趋势已经大幅度减缓，但当人工裂缝渗透率为 5Dc 时，所对应的日产气量均在 $3 \times 10^4 m^3/d$ 以下，而当渗透率为 15Dc 时，所对应的气井产量均在 $7 \times 10^4 m^3/d$ 以上。由此说明该阶段气井产量仍然对人工裂缝渗透率的变化较为敏感。

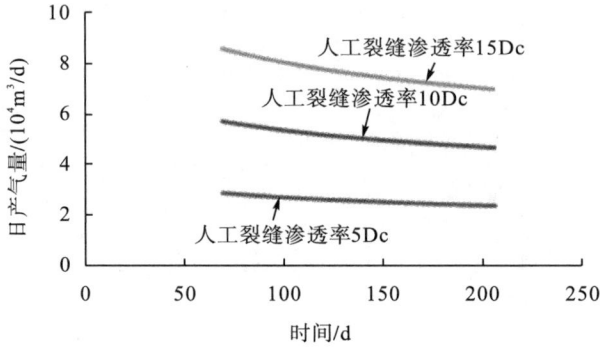

图 6-37　不稳定渗流晚期产量与人工裂缝渗透率的关系

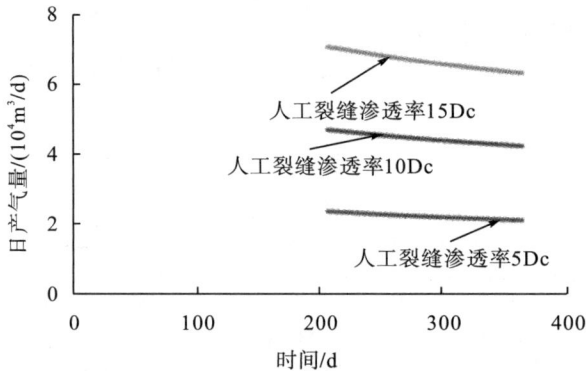

图 6-38　拟稳定渗流时期产量与人工裂缝渗透率的关系

图 6-38 表明，在拟稳定渗流时期，水平井分段压裂的产量随人工裂缝渗透率的增大而不断增加，且压后产量的下降趋势进一步有所减缓。因为渗透率为 5Dc 时所对应的气井产量仅从 $2.3×10^4m^3/d$ 左右下降至 $2.1×10^4m^3/d$ 左右，而渗透率为 15Dc 时对应的气井产量仅从 $7×10^4m^3/d$ 左右下降至 $6.3×10^4m^3/d$ 左右。

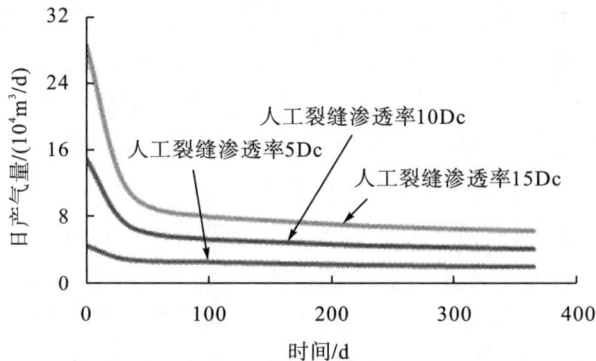

图 6-39　总体产量与人工裂缝渗透率的关系

从图 6-39 可以看出，在分段压裂水平气井的整个生产过程中，随着人工裂缝渗透率的增加，压后产气量不断上升，即人工裂缝渗透率越高，分段压裂水平井产量越高。虽然在投产初期，人工裂缝渗透率对气井产量的影响较大，但渗透率较高时产量的递减速率也较快，即存在着"高渗透率-高产量-高递减率，低渗透率-低产量-低递减率"的特点。

5. 人工裂缝间距

分别取人工裂缝间距为 100m、150m、200m 进行模拟计算，其他人工裂缝参数见表 6-2。模拟计算结果如图 6-40～图 6-43 所示。

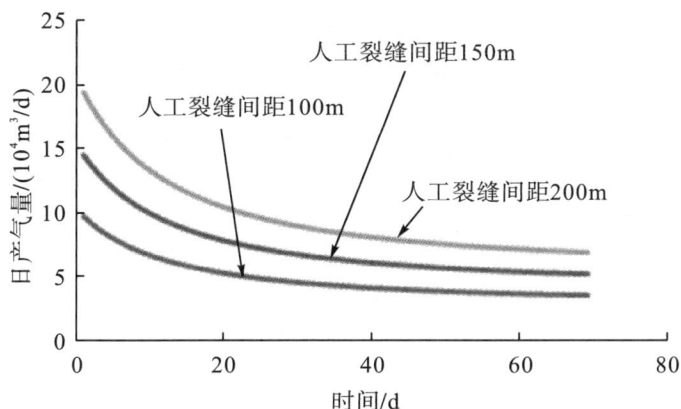

图 6-40　不稳定渗流早期产量与人工裂缝间距的关系

从图 6-40 可以看出，在不稳定渗流早期，人工裂缝间距对水平井分段压裂日产气量的影响比较大。因为当缝间距为 100m 时，气井初期产量仅为 $9.6×10^4 m^3/d$ 左右，而当缝间距增大为 200m 时，分段压裂水平井的初期日产量上升为 $19.3×10^4 m^3/d$ 左右。

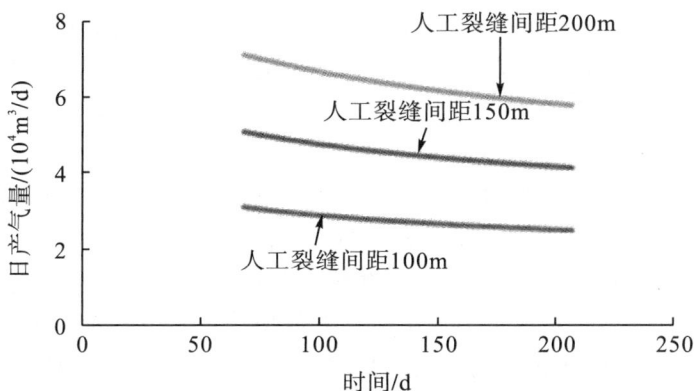

图 6-41　不稳定渗流晚期产量与人工裂缝间距的关系

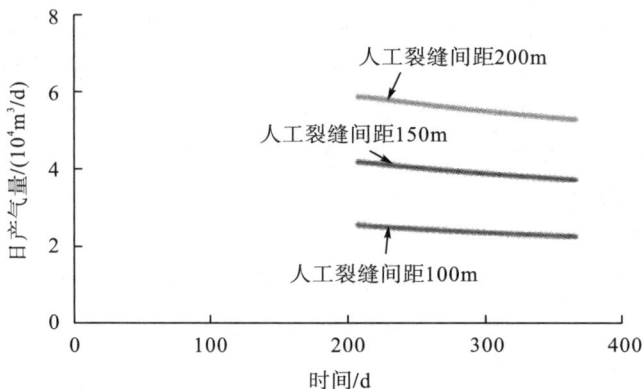

图 6-42　拟稳定渗流时期产量与人工裂缝间距的关系

从图 6-41 和图 6-42 可以看出，在不稳定渗流晚期和拟稳定渗流时期，随着人工裂缝间距的改变，压后产量呈现出较为相似的变化趋势，但缝间距的改变对压后产量的影响程度较小。

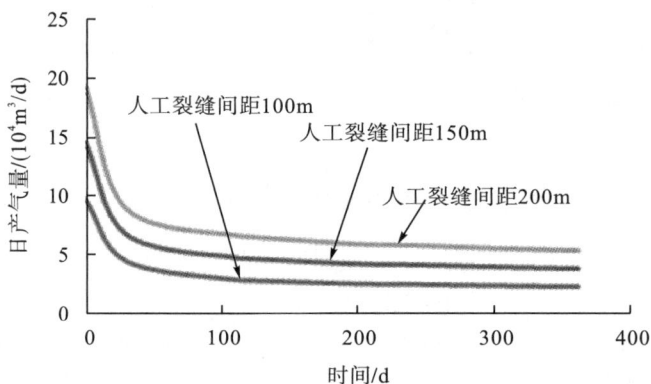

图 6-43　总体产量与人工裂缝间距的关系

从图 6-43 可以看出，在分段压裂水平气井的整个生产过程中，压后产气量随着人工裂缝间距的减小而不断下降。这是由于随着人工裂缝间距的不断减小，相邻人工裂缝之间相互干扰越来越大，从而导致气井产量不断下降。

6.人工裂缝方位角

分别取人工裂缝方位角为 15°、30°、60°、90°（左、右翼方位角相等）进行模拟计算，其他人工裂缝参数见表 6-2。模拟计算结果如图 6-44 所示。

从图 6-44 可以看出，当人工裂缝两翼方位角相等时，分段压裂水平气井在三个渗流阶段的年累计产气量随着人工裂缝方位角的增大而增大。同时可以发现，当人工裂缝方位角小于 60°时，方位角对分段压裂水平井产量的影响很大，但是当人工裂缝方位角大于 60°之后，方位角对压后产气量的影响程度有所降低。因此，在左、右翼人工裂缝方位角相等的情况下，应尽量在压裂施工时使压开的多条人工裂缝与水平井筒方向垂直，以获得更好的增产改造效果。

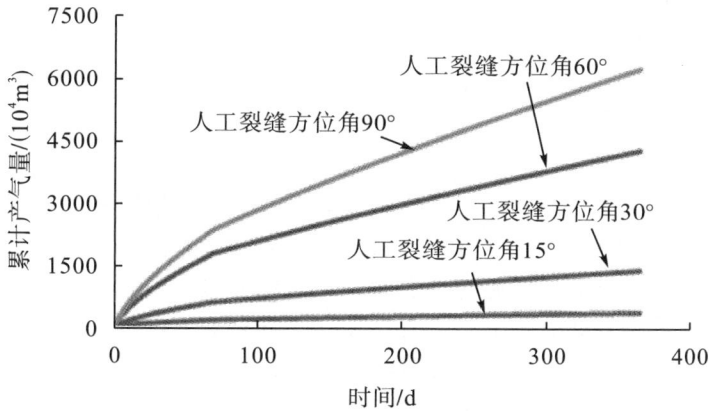

图 6-44 人工裂缝方位角对累计产气量的影响

取人工裂缝左翼方位角(α)为 15°、30°、60°、90°，右翼方位角(β)为 30°、60°、90°、120°、150°进行模拟计算，其他人工裂缝参数见表 6-2。模拟计算结果如图 6-45 所示。

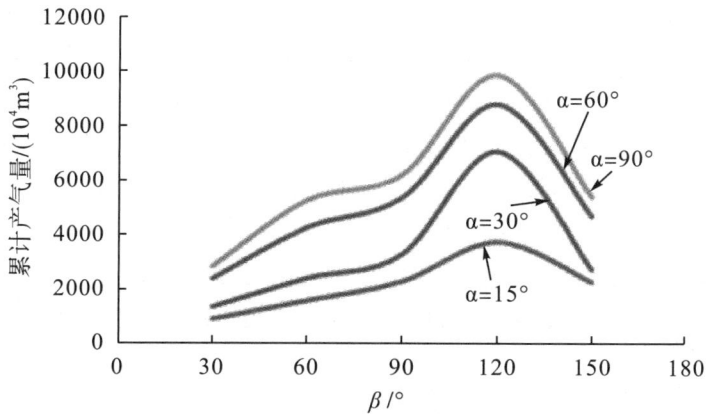

图 6-45 不同的 α、β 值对累计产气量的影响

图 6-45 说明了人工裂缝两翼方位角不同时对分段压裂水平井年产量的影响情况。当人工裂缝右翼方位角 β 相等时，随着人工裂缝左翼方位角 α 的增大，整个生产过程的压后累计产气量不断增大；而当人工裂缝左翼方位角 α 相等时，随着人工裂缝右翼方位角 β 的增大，整个生产过程的压后累计产气量总体上呈现先上升后下降的趋势，且当 β 为 120°时出现最大值。这是因为受到完井技术的限制，水平井筒方位不一定为最小主应力方向。对该井而言，人工裂缝左翼方位角为 90°、人工裂缝右翼方位角为 120°时气井产量最高。

6.3.2　正交试验分析

为了进一步定量和定性地分析各人工裂缝参数对压后产量的影响程度及主次顺序，本书用正交试验分析法进行人工裂缝参数的多因素影响分析，并根据正交试验分析结果确定最优人工裂缝参数组合。

1. 正交试验设计

正交试验设计法是一种以线性代数、数理统计以及概率论为基础，能够科学地设计正交试验方案，并且可以定量和定性地研究各影响参数对研究目标的影响程度和主次顺序的方法。该方法最大特点是能够通过设计有限个具有代表性的试验方案来反映所有方案中所内含的本质规律。其具有两个基本特性：①各影响参数的每一个水平值在所设计的正交试验方案中出现的次数是一样的；②每一个影响参数以及影响参数的每一个水平值在所设计的有限个方案中都是均匀分配的。在数学上将这两个基本特性统称为正交性，利用正交性就可以确定出各个影响参数以及影响参数的水平值所对应的正交试验表[83]。

2. 直观分析

直观分析是一种通过图形把各个影响参数的每一个水平值对研究目标的影响程度表示出来的方法。通过计算各个影响参数的极差并作出极差直方图，就可以很直观地确定出各个影响参数对研究目标的影响的主次顺序，从而得出最主要的影响因素。

仍然利用苏 X 井进行正交试验分析，考虑人工裂缝条数、长度、导流能力、方位角以及缝间距等 5 个参数的 4 个水平值(表 6-4)，对分段压裂水平气井产量的影响编制正交试验方案。设 K_i 为影响参数的第 i 个水平的 4 次正交试验结果之和，则各个影响参数的水平值 $M_i = K_i/4$，各个影响参数的极差 $R = \max(M_i) - \min(M_i)$（$i$=1，2，3，4）。利用本书推导的模型计算，可得到表 6-5 所列的 16 种方案所对应的累计产气量。

表 6-4　人工裂缝参数的水平值

水平值	裂缝条数/条	裂缝长度/m	裂缝导流能力/(Dc·cm)	裂缝方位角/(°)	裂缝间距/m
1	5	50	1	30	50
2	6	100	3	45	100
3	7	150	6	60	150
4	8	200	10	75	200

表 6-5　16 种方案对应的年累计产气量

方案	裂缝条数 /条	裂缝长度 /m	裂缝导流能力 / (Dc·cm)	裂缝方位角 / (°)	裂缝间距 /m	累计产气量 /10^4m^3
1	5	50	1	30	50	673.89
2	5	100	3	45	100	1023.08
3	5	150	6	60	150	1592.70
4	5	200	10	75	200	2020.79
5	6	50	3	60	200	1174.64
6	6	100	1	75	150	1289.40
7	6	150	10	30	100	2201.93
8	6	200	6	45	50	2833.27
9	7	50	6	75	100	1593.12
10	7	100	10	60	50	1005.43
11	7	150	1	45	200	2423.33
12	7	200	3	30	150	3505.80
13	8	50	10	45	150	1748.69
14	8	100	6	30	200	2456.31
15	8	150	3	75	50	2761.57
16	8	200	1	60	100	2101.99

从压后产量指标考虑，在这组正交试验设计中，12 号方案最好，年累计产气量达到 3505.80×10^4m^3。这也说明对于低渗透储层来说，造长缝可获得更好的增产效果。

表 6-6　直观分析表

水平值	裂缝条数	裂缝长度	裂缝导流能力	裂缝方位角	裂缝间距
M_1	1327.62	1297.59	1622.15	2209.48	1818.54
M_2	1874.81	1443.56	2116.27	2007.09	1730.03
M_3	2131.92	2244.88	2118.85	1468.69	2034.15
M_4	2267.14	2615.46	1744.21	1916.22	2018.77
R	939.52	1317.87	496.70	740.79	304.12

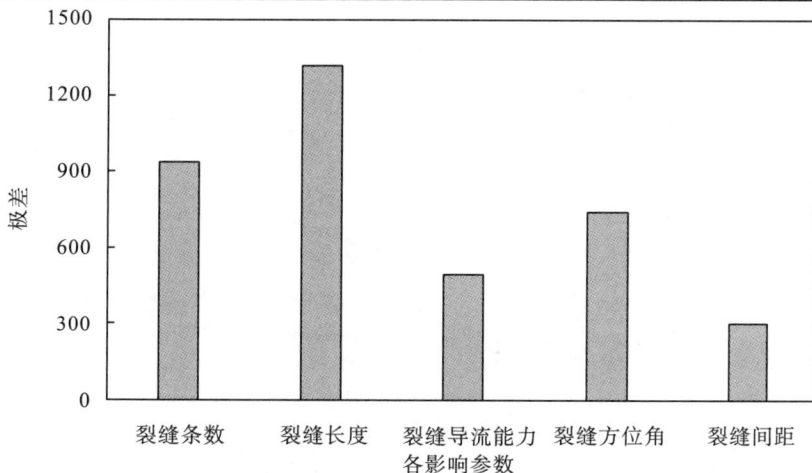

图 6-46　正交分析极差直方图

从表 6-6 和图 6-46 可以看出，人工裂缝参数的极差大小顺序为：$R_{裂缝长度}$ $>R_{裂缝条数}$$>R_{裂缝方位角}$$>R_{裂缝导流能力}$$>R_{裂缝间距}$。这说明了人工裂缝长度是影响苏 X 井压后产气量的最主要参数，人工裂缝条数次之，缝间距对累计产气量的影响不是很明显。上述 5 个因素对水平井分段压裂产量的影响的主次顺序为：人工裂缝长度→人工裂缝条数→人工裂缝方位角→人工裂缝导流能力→人工裂缝间距。

6.3.3 布缝方案优化研究

前面两小节主要进行了人工裂缝参数的单因素与多因素分析，而在实际压裂措施中，人工裂缝的分布方式也会对压后产量造成较大影响。本节利用所编制的产量模拟计算程序对人工裂缝的布缝方案展开研究，以指导水平井压裂参数设计。

1. 人工裂缝长度优化

为了更好地观察不等长人工裂缝对压后水平气井产量的影响程度，设计以下四套不同的缝长组合方案（取人工裂缝左、右两翼相等），模拟计算结果如图 6-47 所示。

表 6-7　不同人工裂缝长度组合方案

人工裂缝长度/m	方案一	方案二	方案三	方案四
第 1 条	100	200	200	100
第 2 条	100	200	200	100
第 3 条	150	150	100	200
第 4 条	150	150	100	200
第 5 条	150	150	100	200
第 6 条	200	100	200	100
第 7 条	200	100	200	100

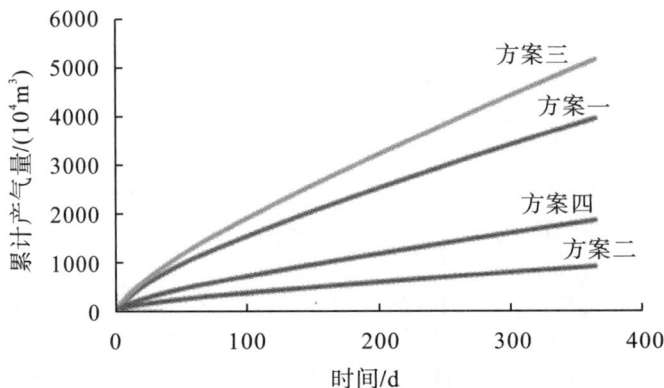

图 6-47　不同缝长组合方案对累计产气量的影响

图 6-47 表明，在上述四种人工裂缝长度组合方案中，方案三的累计产气量最高，方案二的累计产气量最低。因此，在进行水平井分段压裂设计时，应合理优化人工裂缝长度，尽量使两端的裂缝较长而中间的裂缝较短。

2. 人工裂缝分布位置优化

在保持人工裂缝总间距不变的情况下，设计四套不同的人工裂缝间距组合方案（表 6-8），模拟计算结果如图 6-48 所示。

表 6-8　不同人工裂缝间距组合方案

人工裂缝间距/m	方案一	方案二	方案三	方案四
第 1~2 条	150	100	100	200
第 2~3 条	150	120	150	150
第 3~4 条	150	140	200	100
第 4~5 条	150	160	200	100
第 5~6 条	150	180	150	150
第 6~7 条	150	200	100	200

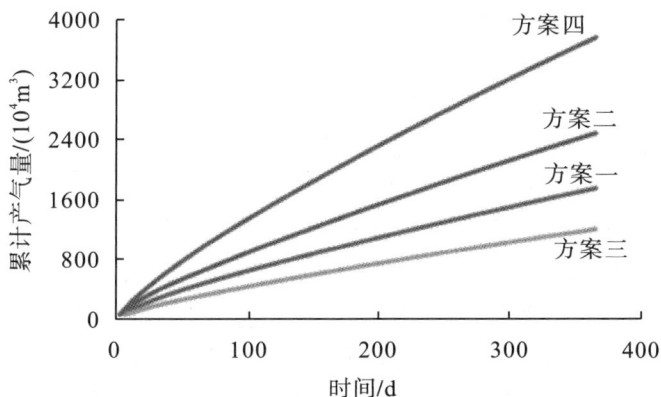

图 6-48　不同缝间距组合方案对累计产气量的影响

图 6-48 的计算结果表明，在上述四种人工裂缝间距组合方案中，方案四的累计产气量最高，方案三的累计产气量最低。因此，在进行水平井分段压裂参数设计时，应合理优化人工裂缝间距，尽量使两端的裂缝间距较大，而中间的裂缝间距较小。

3. 人工裂缝对称性优化

分别取人工裂缝对称分布、左翼长右翼短、左翼短右翼长和两翼错开四种情况（表 6-9）分析人工裂缝对称性对水平井分段压裂累计产气量的影响，模拟计算结果如图 6-49 所示。

表 6-9　　人工裂缝两翼分布组合方案

人工裂缝长度/m	方案一		方案二		方案三		方案四	
	左翼	右翼	左翼	右翼	左翼	右翼	左翼	右翼
第 1 条	150	150	200	100	100	200	200	100
第 2 条	150	150	200	100	100	200	100	200
第 3 条	150	150	200	100	100	200	200	100
第 4 条	150	150	200	100	100	200	100	200
第 5 条	150	150	200	100	100	200	200	100
第 6 条	150	150	200	100	100	200	100	200
第 7 条	150	150	200	100	100	200	200	100

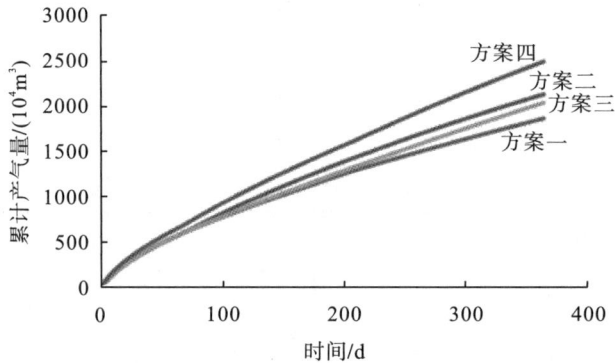

图 6-49　不同人工裂缝两翼分布组合对累计产气量的影响

　　从模拟计算结果可以看出，人工裂缝左、右两翼沿井筒分布的对称性不同时，对水平井分段压裂的累计产气量是有影响的。当人工裂缝沿井筒两翼错开时（即方案四）累计产气量最高，而各条压裂裂缝两翼对称分布（即方案一）或分布形式相同时（即方案二和方案三），累计产气量较低且这三种方案的累计产气量相差不大。因此，在进行水平井分段压裂参数优化设计时，应尽量使压开的多条人工裂缝错开分布。

参 考 文 献

[1] Hubbert M K, Willis D G. Mechanics of Hydraulic Fracturing[C]. SPE 686-G,1957.

[2] Haimson B, Fairhurst C. Hydraulic Fracturing in Porous-Permeable Materials[C]. SPE 2354,1969.

[3] 黄荣樽. 地层破裂压力预测模式的探讨[J]. 华东石油学院学报, 1984, (4): 335-346.

[4] Yew C H, Li Y. Fracturing of a Deviated Well[C].SPE 16930, 1987.

[5] Hossain M M, Rahman M K, Rahman S S. Hydraulic Fracture Initiation and Propagation: Roles of Wellbore Trajectory, Perforation and Stress Regimes[J]. Journal of Petroleum Science and Engineering, 2000, 27(3):129149.

[6] 胡永全, 赵金洲, 曾庆坤, 等. 计算射孔井水力压裂破裂压力的有限元方法[J].天然气工业, 2003, 23(2): 58-59.

[7] 李勇明, 岳迎春, 郭建春, 等. 考虑储层污染的破裂压力计算新方法[J]. 石油学报, 2008, 22(5): 108-112.

[8] 任岚, 赵金洲, 胡永全, 等. 裂缝性储层射孔井水力裂缝张性起裂特征分析[J].中南大学学报(自然科学版), 2013, 44(2): 707-713.

[9] 尹健. 水平井分段压裂诱导应力场研究与应用[D]. 成都: 西南石油大学, 2014.

[10] 陈勉, 陈治黄, 黄荣樽. 大斜度井水压裂缝起裂研究[J].石油大学学报(自然科学版), 1995, 19(2): 30-35.

[11] 金衍, 张旭东, 陈勉. 天然裂缝地层中垂直井水力裂缝起裂压力模型研究[J].石油学报, 2005, 26(6): 113-124.

[12] 金衍, 陈勉, 张旭东. 天然裂缝地层斜井水力裂缝起裂压力模型研究[J]. 石油学报, 2006, 27(5): 124-126.

[13] 尹建, 郭建春, 邓燕. 裂缝干扰下水平井破裂点影响因素分析[J]. 石油钻采工艺, 2015, 37(2): 88-93.

[14] Lamont N, Jessen F.The Effects of Existing Fractures in Rocks on the Extension of Hydraulic Fractures[C]. SPE 419,1963.

[15] Daneshy A A. On the Design of Vertical Hydraulic Fractures[J]. JPT, 1973, 25(1): 83-97.

[16] Blanton T L. An Experimental Study of Interaction Between Hydraulically Induced and Pre-existing Fractures[C]. SPE 10847, 1982.

[17] Blanton T L. Propagation of Hydraulically and Dynamically Induced Fractures in Naturally Fractured Reservoirs[C]. SPE 15261, 1986.

[18] Jeffrey R G, Vandamme L, Roegiers J C.Mechanical Interactions in Branched or Subparallel Hydraulic Fractures[C]. SPE 16422, 1987.

[19] Renshaw C E, Rollard D D. An Experimentally Verified Criterion for Propagation Across Unbounded Frictional Interfaces in Brittle, Linear Elastic Materials[J]. International Journal of Rock Mechanics and Mining Sciences and Geomechanics Abstracts, 1995, 32(3):237-249.

[20] 杨丽娜, 陈勉. 水力压裂中多裂缝间相互干扰力学分析[J]. 石油大学学报(自然科学版), 2003, 27(3): 43-45.

[21] Potluri N K, Zhu D, Hill A D. The Effect of Natural Fractures on Hydraulic Fracture Propagation[C].SPE 94568, 2005.

[22] Akulich A V, Zvyagin A V. Interaction between Hydraulic and Natural Fractures[J]. Fluid Dynamics, 2008, 43(3): 428-435.

[23] 陈勉, 周健, 金衍, 等. 随机裂缝性储层压裂特征实验研究[J]. 石油学报, 2008, 29(3): 431-434.

[24] Olson J E, Taleghani A D. Modeling Simultaneous Growth of Multiple Hydraulic Fractures and Their interaction with Natural Fractures[C].SPE 119739, 2009.

[25] Gu H, Weng X. Criterion for fractures crossing frictional interfaces at non-orthogonal angles[C].44th US Rock Mechanics Symposium and 5th US-Canada Rock Mechanics Symposium, Salt Lake City, Utah. 2010.

[26] 胡昱, 叶源新, 刘光廷. 多轴应力作用下砂砾岩单裂隙渗流规律试验研究[J]. 地下空间与工程学报, 2007, 3(6): 1009-1013.

[27] 王益维, 张士诚, 牟善波. 裂缝性油气藏压裂液滤失系数的计算方法[J]. 科学技术与工程, 2010, 10(20): 5037-5040.

[28] 冯阵东, 戴俊生, 王霞田, 等. 不同坐标系中裂缝渗透率的定量计算[J]. 石油学报, 2011, 32(1): 135-139.

[29] 闫建平, 郑胜利. 砂砾岩岩芯定量化描述方法研究[J]. 西南石油大学学报(自然科学版), 2012, 34(4): 49-54.

[30] 古发刚, 任书泉. 多种因素下的滤失速度计算模型[J]. 西南石油学院学报, 1991, 13(2): 65-711.

[31] Yew C H, Ma M J. A study of fluid leakoff in hydraulic fracture propagation[C]. SPE 64786, 2000.

[32] 付永强, 郭建春, 赵金洲, 等. 一种多参数的压裂液在双重介质中滤失模型的推导与计算[J]. 天然气工业, 2003, 23(3): 88-91.

[33] 李勇明, 郭建春, 赵金洲, 等. 裂缝性储层压裂液滤失计算模型研究[J]. 天然气工业, 2005, 25(3): 99-102.

[34] 任岚, 胡永全, 赵金洲, 等. 高渗透地层压裂液滤失模型研究[J]. 天然气工业, 2006, 26(11)：116-118.

[35] Dahi-Taleghani A, Olson J E. Numerical modeling of Multistranded-Hydraulic-Fracture propagation: Accounting for the interaction between induced and natural fractures[J]. SPE Journay, 2011, 16(03)：575-581.

[36] Keshavarzi R, Mohammadi S. A new approach for numerical modeling of hydraulic fracture propagation in naturally fractured reservoirs[C].SPE 152509, 2012, 1-12.

[37] 赵益忠, 曲连忠, 王幸尊, 等. 不同岩性地层水力压裂裂缝扩展规律的模拟实验[J].中国石油大学学报(自然科学版), 2007, 31(3)：63-66.

[38] 王昊. 砂砾岩油藏砾石对压裂裂缝延伸的影响研究[D]. 北京：中国石油大学硕士学位论文, 2011.

[39] Conlin J M, Hale J L, Sabathier J C, et al. Multiple-Fracture Horizontal Wells: Performance and Numerical Simulation[C]. European Petroleum Conference. Society of Petroleum Engineers, 1990.

[40] Roberts B E, van Engen H, van Kruysdijk C. Productivity of Multiply Fractured Horizontal Wells in Tight Gas Reservoirs[C]. Offshore Europe. Society of Petroleum Engineers, 1991.

[41] Clarkson C R, Pedersen P K. Tight Oil Production Analysis: Adaptation of Existing Rate-Transient Analysis Techniques[C]. Canadian Unconventional Resources and International Petroleum Conference. Society of Petroleum Engineers, 2010.

[42] Sennhauser E S, Wang S, Liu M X. A Practical Numerical Model to Optimize the Productivity of Multistage Fractured Horizontal Wells in the Cardium Tight Oil Resource[C]. Canadian Unconventional Resources Conference. Society of Petroleum Engineers, 2011.

[43] Larch K L, Aminian K, Ameri S. The Impact of Multistage Fracturing on the Production Performance of the Horizontal Wells in Shale Formations[C]. SPE Eastern Regional Meeting. Society of Petroleum Engineers, 2012.

[44] Lin J, Zhu D. Modeling Well Performance for Fractured Horizontal Gas Wells[J]. J. Nat. Gas Sci. Eng., 2014, 18: 180-193.

[45] 唐汝众, 温庆志, 苏建, 等. 水平井分段压裂产能影响因素研究[J]. 石油勘探技术, 2010, 38(2)：80-83.

[46] 陈汾君, 汤勇, 刘世铎, 等. 低渗致密气藏水平井分段压裂优化研究[J]. 特种油气藏, 2012, 19(6)：85-87.

[47] 张燕明, 张博, 胡华君, 等. 分段压裂水平气井产能数值模型建立[J]. 科学技术与工程, 2012, 12(28)：7189-7193.

[48] 钟森. SF 气田水平井分段压裂关键参数优化设计[J]. 断块油气田, 2013, 20(4)：525-529.

[49] 李海涛, 王俊超, 李颖, 等. 基于体积源的分段压裂水平井产能评价方法[J]. 天然气工业, 2015, 35(9)：55-63.

[50] 杨文茂. 空间解析几何[M]. 武汉：武汉大学出版社, 2006：160-170.

[51] 徐芝纶. 弹性力学[M]. 北京：高等教育出版社, 2012：9-10.

[52] Haimson B, Faihurst C. Initiation and Extension of Hydraulic Fraeture in Rocks[J]. SPE Journal, 1967, 7(3)：310-318.

[53] Lubinski A. The theory of elasticity for porous bodies displaying a strong pore structure[C]. Proceedings of the 2nd US National Congress of Applied Mechanics. 1954: 247-256.

[54] Hossain M M, Rahman M K, Rahman S S. Hydraulic Fracture Initiation and Propagation: Roles of Wellbore Trajectory, Perforation and Stress Regimes[J]. Journal of Petroleum Science and Engineering, 2000, 27(3)：129-149.

[55] 俞绍诚. 水力压裂技术手册[M]. 北京：石油工业出版社,2010：134.

[56] 陈勉, 陈治黄, 黄荣樽. 大斜度井水压裂缝起裂研究[J].石油大学学报(自然科学版), 1995, 19(2)：30-35.

[57] 赵金洲, 任岚, 胡永全, 等.裂缝性地层射孔井破裂压力计算模型[J].石油学报, 2012, 33(5)：841-845.

[58] 刘向君. 岩石力学与石油工程[M]. 北京:石油工业出版社, 2004：28-31.

[59] 任岚, 赵金洲, 胡永全, 等. 裂缝性储层射孔井水力裂缝张性起裂特征分析[J].中南大学学报(自然科学版), 2013, 44(2)：707-713.

[60] 张鸣远, 景思睿, 李国君. 高等工程流体力学[M]. 西安：西安交通大学出版社, 2006.

[61] 赵金洲,任岚,胡永全,等. 裂缝性地层水力裂缝非平面延伸模拟[J]. 西南石油大学学报(自然科学版),2012, 4：174-180.

[62] Medlin W L, Masse L. Laboratory Experiments in Fracture Propagation[C].SPE 10377, 1984.

[63] Warpinski N R. Measurement of Width and Pressure in a Propagating Hydraulic Fracture[C]. SPE 11648, 1985.

[64] Van Dam D B, de Pater C J, Romijn R. Analysis of Hydraulic Fracture Closure in Laboratory Experiments [C].SPE 65066, 2000.

[65] Broek D. Elementary Engineering Fracture Mechanics[M].Sijthoff & Noordhoff: Springer Science & Business Media, 1978.

[66] Gu H, Weng X, Jeffrey B L, et al. Hydraulic Fracture Crossing Natural Fracture at Nonorthogonal Angles:A Criterion and Its Validation [J]. SPE Production and operations, 2012, 27(1)：20-26.

[67] Blanton T L. An Experimental Study of Interaction Between Hydraulically Induced and Pre-existing Fractures[C].

SPE presented at Unconvertional Gas Recovery Symposium，1982：559-562.

[68] Warpinski N R,Teufel L W. Influence of Geologic Discontinuities on Hydraulic Fracture Propagation[J]. Journal of Petroleun Techndogy，1987，39(2)：209-220.

[69] Gu H, Weng X. Criterion for fractures crossing frictional interfaces at non-orthogonal angles[C]. 44th US Rock Mechanics Symposium and 5th US-Canada Rock Mechanics Symposium, Salt Lake City, Utah, 2010：1-6.

[70] Warren J E, Root P J. The Behavior of Naturally Fractured Reservoirs[J]. Society of Petroleum Engineers Journal, 1963, 3(3)：245-255.

[71] 张广清，赵文，李志文，等. 基于裂缝形态和产能的水平井分段压裂优化研究[J]. 科学技术与工程，2012，12(2)：296-299.

[72] Soliman M Y, Boonen P. Review of Fractured Horizontal Wells Technology[C]. Abu Dhabi International Petroleum Exhibition and Conference. Society of Petroleum Engineers, 1996：1-17.

[73] Hossain M M, Rahman M K, Rahman S S. A Comprehensive Monograph for Hydraulic Fracture Initiation From Deviated Wellbores Under Arbitrary Stress Regimes[C]. SPE Asia Pacific Oil and Gas Conference and Exhibition. Society of Petroleum Engineers, 1999：1-11.

[74] 刘银山，李治平，赖枫鹏，等. 不共面裂缝气藏水平井产能预测模型[J]. 石油钻探技术，2012，40(4)：96-101.

[75] 徐严波. 水平井水力压裂基础理论研究[D]. 成都：西南石油学院，2004：50-51.

[76] 李晓平. 地下油气渗流力学[M]. 北京：石油工业出版社，2007:154-156.

[77] 程林松. 高等渗流力学[M]. 北京：石油工业出版社，2011:168-170.

[78] 姜礼尚，陈钟祥. 试井分析理论基础[M]. 北京：石油工业出版社，1985：57-59.

[79] 徐严波，齐桃，杨凤波，等. 压裂后水平井产能预测新模型[J]. 石油学报，2006，27(1)：89-91.

[80] Mukherjee H, Economides M J. A parametric comparison of horizontal and vertical well performance[J]. SPE Formation Evaluation, 1991, 6(2): 209-216.

[81] 陈钟祥. 有界封闭"裂缝—孔隙"介质弹性渗流问题的精确解及其在试井中的应用[J]. 应用数学和力学，1983，4(3)：415-426.

[82] 陈钟祥，由军. 裂缝性地层弹性渗流问题的近似解及其在试井中的应用[J]. 华东石油学院学报(自然科学版)，1986，1(1)：53-66.

[83] 白新桂. 数据分析与试验优化设计[M]. 北京：清华大学出版社，1986：151-153.